钩出超可爱
立体小物件100款
（可爱迷你饰物篇）

日本美创出版　编著

何疑一　译

河北科学技术出版社

mini motif
迷你花样的巧用方法
EXAMPLE

用五彩刺绣线钩织而成的迷你花样。

为我们的日常生活中增添一些乐趣与色彩吧！！

本书中介绍了15种花样改良的方法。

42 作品详见P29、封面

颜色各异的蔷薇，多做几朵组合成饰花，看起来更惹眼哦！

73、76 作品详见P52

儿童服饰上加入水彩色的徽章，活泼可爱。

53 作品详见P37

小乌龟的针插！缝纫时间也充满乐趣！

17　作品详见P17
领口缝上一颗紫苑纽扣。

任意组合　可爱的动物花样，装扮生活或玩过家家游戏时都能用到哦！

99、100　作品详见P65
用金银丝棉线滚边的图案可制作成吊坠。

任意组合　钩织几朵自己喜欢的花朵图案，放到框中做装饰画吧！

33 作品详见P25
小水仙的耳环，左右颜色各不相同。

69～72 作品详见P49
水果图案做成固定贴或冰箱贴放在厨房里。

88、97 作品详见P61（88），P65（97）
让圣诞问候卡片变得闪亮温暖。

37、40 作品详见P25（37），P28（40）
在贵重的礼物包装上加入一朵漂亮的饰花……

12、25 作品详见P13（12），P21（25）
山茶和紫藤花的头钗最适合用来装点发式。

任意组合 可口的甜点图案放在盘子中，一起来玩过家家游戏吧！

46、58 作品详见P32（46），P41（58）
用自己喜欢的图案试着制作钥匙扣吧！

4、29、38 作品详见P12（4），P24（29），P28（38）
花朵图案用作头饰最漂亮！

Contents

制作粉色、蓝色、黄色、单色等各种颜色的花朵。
让颜色从花芯向花瓣简单过渡或者微妙的色差变化都可以
用刺绣线表现出来。
五彩缤纷的花朵美丽绽放。

Part

I

花

1
金盏花

2
马蹄莲与绣球花

3
郁金香与风铃草

钩织方法：1、3-P10 2-P11　设计制作：今村曜子

重点提示 2、3 作品详见P8 39、40 作品详见P28

❀ 铁丝茎的钩织方法 ❀

  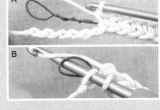 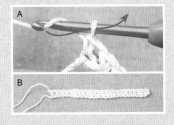

I 铁丝的顶端弯折，扭出圆环，大小可穿入钩针针尖即可。然后钩织起针和立起的1针锁针，接着挑起起针的里山，将钩针插入铁丝的圆环中，钩织1针短针。第1针钩织完成（A）。

2 将起针的锁针里山挑起，同时包住铁丝钩织短针。第2针钩织完成（A）。

3 钩织终点处再弯折一下铁丝的顶端，拧扭后制作圆环（A）。钩织最后的针目时，将钩针插入铁丝的圆环中，钩织短针（B）。

4 钩织完成后将线头挂到针上，再按照箭头所示引拔钩织（A）。茎钩织完成（B）。

重点提示 I2 作品详见P13

❀ 山茶花的钩织方法 ❀

[第1~7行]　　　　　　　　[第8行] ※在第7行的1~6片花瓣中隔片钩织（1、3、5），共3片花瓣。

I 参照记号图，钩织至第7行后如图（钩织6片花瓣）。

2 按照图示方法在数字1的花瓣中钩织长针、中长针、短针后，再按箭头所示将钩针插入数字2花瓣的第5行，钩织短针。

3 钩织完短针后，接着按数字1花瓣的同样方法在数字3、5的花瓣中钩织。

4 钩织完1、3、5的花瓣后剪断线。

[第9行] ※接上新线，在剩余第7行的花瓣（2、4、6）中按照第8行的要领钩织。

  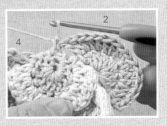 

5 按照第8行的要领在数字2的花瓣中钩织。

6 数字3的花瓣倒向内侧，将第5行的短针挑起后钩织短针。

7 数字2的花瓣钩织完成后如图。

8 重复步骤5~7，分别在数字4、6的花瓣中钩织，完成。

I

25号刺绣线/橙色……1.5束，
粉色（169）……1束，
绿色（227）……少许
蕾丝针0号

尺寸……参照图
作品详见P8

✕ = 短针的条针
⚲ = 短针的正拉针

— = 173
— = 169

⚲（第7行）
=钩织短针的反拉针
时，先将上一行的针
目倒向外侧，再在第
5针中钩织

✕ =分开锁针，钩织短针

※用173钩织第
1~8行。第9~11
行随时接入线，
用169钩织。

花芯 227

钩织
起点 ←①

5.5cm

中央拼接花
芯，固定

※钩织第5行时，将第3、4行倒向内侧，
再在2行中钩织。

5

25号刺绣线 粉色（1705）……2束、粉色系
（1021）、绿色系（201）各……1束、粉色系
（141）、茶色系（737）……各0.5束
宽4mm的丝带……18cm
花艺用铁丝……10cm×3根
蕾丝针0号

尺寸……参照图
作品详见P12

※太阳花按照作品4（P14）、太
阳花的茎和郁金香按照作品7
（P11）的钩织方法，并且参
照左边的配色表换线后钩织。

太阳花、郁金香、茎的配色表

		行	配色
太阳花	主体	7、8	1021
		5、6	141
		4	1021
		1~3	737
	基底	1~4	210
郁金香	花瓣	3、4	1705
		1、2	141
	花芯	1~9	1705
茎		1~3	210

盛开的郁金香

太阳花

9cm

3根茎结成束
后再用丝带
打结

3

25号刺绣线 粉色系（106）、（127）、白色（800）……各1束、绿色系（265）、（247）……各0.5束
宽3mm的丝带……12cm，花艺用铁丝（26号）……12.5cm×1根、8.5cm×2根
蕾丝针0号

尺寸……参照图
作品详见P8
重点提示P9

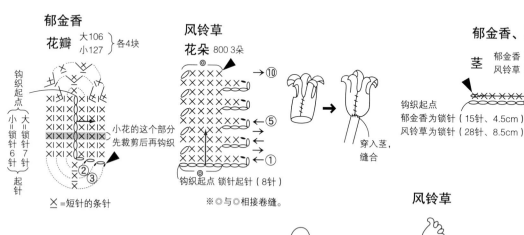

郁金香

花瓣 大106 } 各4块
小127

钩织起点（大=锁针7针
小=锁针6针）起针

✕ =短针的条针

风铃草

花朵 800 3朵

→⑩
←⑤
←①

钩织起点 锁针起针（8针）

小花的这个部分
先裁剪后再钩织

※◎与◎相接卷缝。

穿入茎，
缝合

郁金香、风铃草

茎 郁金香（265）2根
风铃草（247）1根

钩织起点
郁金香为锁针（15针、4.5cm）
风铃草为锁针（28针、8.5cm）起针

包住铁丝，同时将锁针的里
山挑起后钩织短针（钩织方
法参照P9）

拼接方法 郁金香

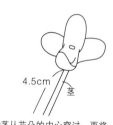

缝合

①每两块花瓣缝合，两组重
叠后再缝到一起

4.5cm
茎

②茎从花朵的中心穿过，再将
花与茎缝合，避免脱出

风铃草

8针
6针

8.5cm

①茎的铁丝按照郁
金香步骤②的方
法处理

②再将花固定到茎上

拼接方法

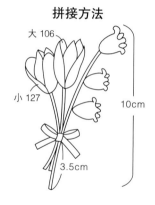

大106
小127

10cm

3.5cm

2

尺寸……参照图
作品详见P8
重点提示P9

25号刺绣线/本白色（850）、黄色系（540）、绿色（273）……各1束，绿色（227）、（261）、（2021）……各0.5束
填充棉……少许
蕾丝针0号

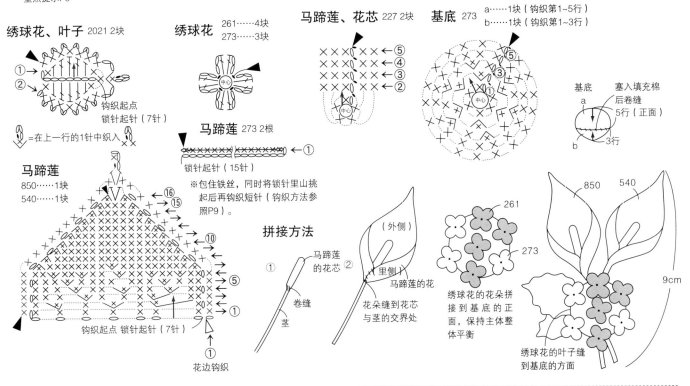

绣球花、叶子 2021 2块

钩织起点
锁针起针（7针）

=在上一行的1针中织入

马蹄莲
850……1块
540……1块

钩织起点 锁针起针（7针）

花边钩织

绣球花
261……4块
273……3块

马蹄莲、花芯 227 2块

基底 273
a……1块（钩织第1~5行）
b……1块（钩织第1~3行）

基底　塞入填充棉
后卷缝
a
5行（正面）

b
3行

马蹄莲 273 2根

锁针起针（15针）←①

※包住铁丝，同时将锁针里山挑起后再钩织短针（钩织方法参照P9）。

拼接方法
马蹄莲的花芯
卷缝
茎
（外侧）
里侧
马蹄莲的花
花朵缝到花芯与茎的交界处

绣球花的花朵拼接到基底的正面，保持主体整体平衡

绣球花的叶子缝到基底的方面

850　540

9cm

7

尺寸……参照图
作品详见P12

25号刺绣线/粉色系（1120）、绿色系（238）……各1束，
粉色系（1118）、绿色系（287）……各0.5束
花艺用铁丝（26号）……11cm
蕾丝针0号

花芯

叶子 238 2块

钩织起点
锁针起针（10针）

花瓣
※盛开的郁金香、郁金香花蕾相同。

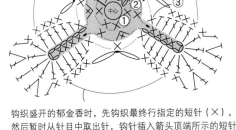

钩织盛开的郁金香时，先钩织最终行指定的短针（×），然后暂时从针目中取出针，钩针插入箭头顶端所示的短针中，引拔钩织针目后再按照记号继续钩织（作品6的花蕾不需此步骤，直接钩织短针）。

郁金香、花芯、茎的配色表

	行	色号
郁金香盛开的	4	1120
	3	1118
	1、2	287
花芯		1120
茎		287

茎 ※郁金香与太阳花的相同（变换针数后再钩织）。

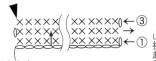

钩织起点
太阳花为5cm锁针（15针）
郁金香为6.5cm锁针（22针）

山挑起后再钩织横线（半针）和里的起针锁针上侧

分别将钩织起点和终点的半针挑起后卷缝

拼接方法

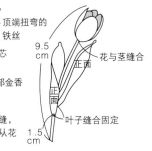

顶端扭弯的铁丝
花芯
盛开的郁金香
6.5cm
茎

9.5cm
花与茎缝合
正面
正面
1.5cm
叶子缝合固定

花瓣与花芯重叠后卷缝，按照图示方法将铁丝从花和茎中穿过

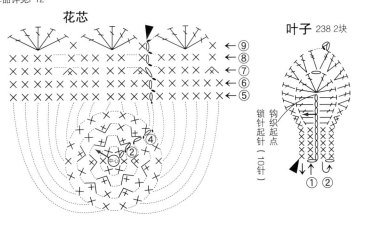

11

4
太阳花

5
太阳花与郁金香

6
郁金香

7
郁金香

钩织方法：4、6—P14 5—P10 7—P11   设计制作：Matsumoto Kaoru

8
櫻花

9
牽牛花

10
紅瞿麥

11
芍藥

12
山茶花

鉤織方法：8~11–P15 12–P70　設計製作：Matsumoto Kaoru

13

4

25号刺绣线/粉色系（128）、（129）……各1束，粉色系（144）、（145）……各0.5束，黄色系（562）……少许
填充棉……少许
尺寸……参照图
蕾丝针0号
作品详见P12

※太阳花a、b的配色参照右图。
※第5、6行参照图1。

太阳花

主体

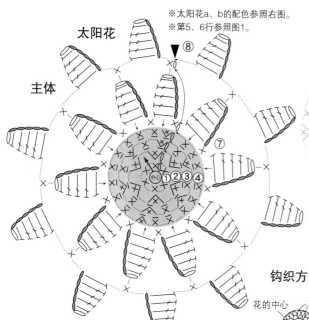

图1
主体 第5、6行的钩织方法

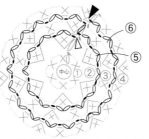

※钩织第5行时将第2行剩余的横线（内侧半针）挑起、钩织第6行时将第3行剩余的横线（内侧半针）挑起，然后按照图示方法重复钩织1针引拔针、2针锁针。

太阳花a、b的配色表

	行	a	b
主体	7、8	128	129
	5、6	144	145
	4	128	129
	1~3	562	562
基底	1~4	562	562

基底
562

钩织方法顺序

花的中心 第5、6行 基底 4行
①钩织4行花的中心，然后在第2、3行针脚剩余的横线中钩织第5、6行（参照图1）

②钩织4行基底

花的中心（反面） 基底（反面）
③步骤①花中心的反面与基底的反面相重叠，两块一起挑针后钩织花瓣（第7、8行，在第7行的中途塞入填充棉）

第7行 第8行
④完成

5cm

基底
反面

×（第8行）=在箭头尖所指的第4行短针中织入短针
⬮（第7、8行）=将此锁针的里山挑起后按照指定的记号钩织
×（第3、4行）=短针的条针

拼接方法
花瓣的顶端留出不缝，其他部分缝合固定

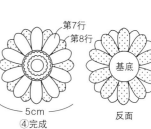

a
b

9cm

6

25号刺绣线/粉色系（141）、（1702）、（1703），绿色系（287）……各1束，米褐色系（7010）……0.5束
宽1cm的丝带……12cm、花艺用铁丝（26号）……11cm×3根
尺寸……参照图
蕾丝针0号
作品详见P12

钩织方法顺序 ※配色参照下表
※钩织方法参照作品7（P11）。

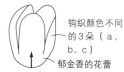

钩织颜色不同的3朵（a、b、c）

郁金香的花蕾

①与盛开的郁金香一样钩织4行，但在第4行时不用拼接花瓣，直接用短针钩织

花芯

6行
②按照盛开郁金香花芯的第1~6行变换颜色，钩织3个

茎

287
③按照作品7（P11）的方法钩织3根6.5cm的茎

铁丝
花芯
茎
④花芯放入郁金香中，底部轻轻缝合，再将铁丝穿入花和茎中

缝合
花芯也缝到花瓣上
拼接底部缝合
⑤5片花瓣重叠，穿入线缝合，注意不要影响到正面的效果

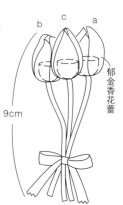
b c a
郁金香花蕾
9cm
⑥3根结成束用丝带打结

郁金香花芯的配色表

	行	a	b	c
郁金香	3、4	141	1702	1703
	1、2	7010	7010	7010
花芯	1~6	141	1702	1703

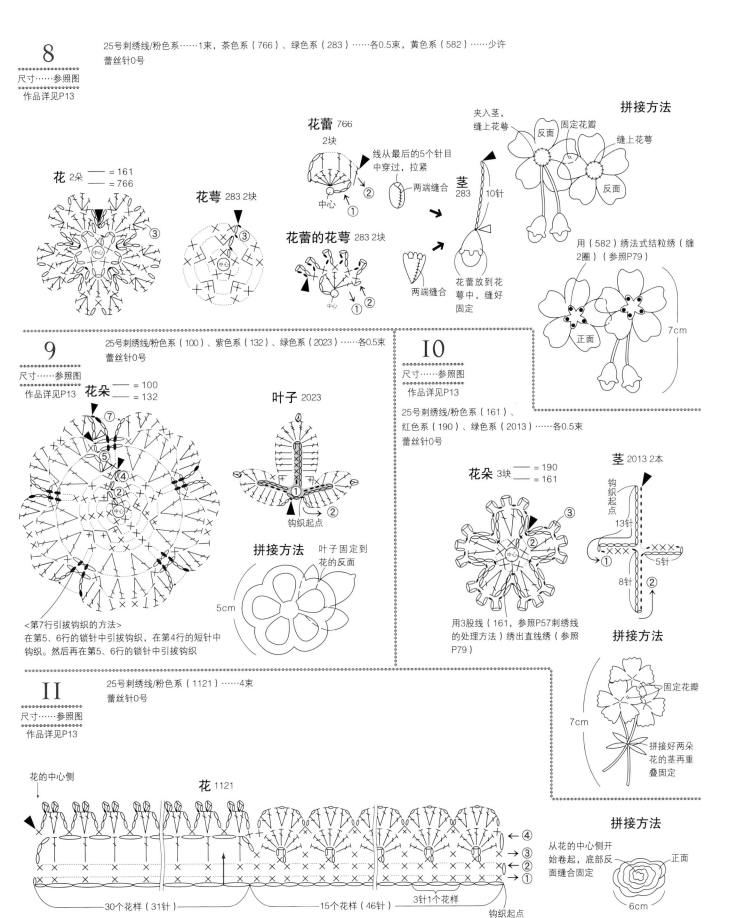

8

尺寸……参照图
作品详见P13

25号刺绣线/粉色系……1束，茶色系（766）、绿色系（283）……各0.5束，黄色系（582）……少许
蕾丝针0号

花 2朵 —— = 161
—— = 766

花蕾 766 2块

花萼 283 2块

花蕾的花萼 283 2块

线从最后的5个针目中穿过，拉紧

中心

两端缝合

夹入茎，缝上花萼

茎 283 10针

两端缝合

花蕾放到花萼中，缝好固定

拼接方法

反面

固定花瓣

缝上花萼

反面

用（582）绣法式结粒绣（缠2圈）（参照P79）

正面

7cm

9

尺寸……参照图
作品详见P13

25号刺绣线/粉色系（100）、紫色系（132）、绿色系（2023）……各0.5束
蕾丝针0号

花朵 —— = 100
—— = 132

叶子 2023

钩织起点

拼接方法

叶子固定到花的反面

5cm

<第7行引拔钩织的方法>
在第5、6行的锁针中引拔钩织，在第4行的短针中钩织。然后再在第5、6行的锁针中引拔钩织

IO

尺寸……参照图
作品详见P13

25号刺绣线/粉色系（161）、红色系（190）、绿色系（2013）……各0.5束
蕾丝针0号

花朵 3块 —— = 190
—— = 161

茎 2013 2本

钩织起点

13针

5针

8针

用3股线（161，参照P57刺绣线的处理方法）绣出直线绣（参照P79）

拼接方法

7cm

固定花瓣

拼接好两朵花的茎再重叠固定

II

尺寸……参照图
作品详见P13

25号刺绣线/粉色系（1121）……4束
蕾丝针0号

花的中心侧

花 1121

← ④
→ ③
← ②
→ ①

30个花样（31针）

15个花样（46针）

3针1个花样

钩织起点
锁针起针（77针）

拼接方法

从花的中心侧开始卷起，底部反面缝合固定

正面

6cm

红色、粉色
系花朵

13
长春花

14
大波斯菊与蜻蜓

15
天竺葵与蝴蝶

16
康乃馨

钩织方法：P18　设计制作：Oka Mariko

17
紫苑

18
紫苑

19
紫苑与蜜蜂

20
紫苑

钩织方法：P19　设计制作：Oka Mariko

I3

25号刺绣线/绿色系（2073）……2束，粉色系（129）……1束，白色（800）、
粉色系（1041）……各少许
蕾丝针0号

尺寸……参照图
作品详见P16

拼接方法

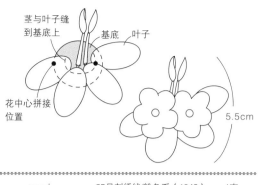

茎与叶子缝到基底上
基底
叶子
花中心拼接位置
5.5cm

花 第2、3行……129
第1行……800

叶子 起针……800
第1行……2073
4块
②
①
锁针起针（8针）

基底 2073
⑤
②
中心

花蕾 1041 2块
钩织起针
锁针起点
①
对折

茎 2073
锁针（7针）
①在花蕾上钩织
拼接茎

花
锁针起针（3针）
③
中心
钩织起点

I5

25号刺绣线/粉色系（1043）……1束，
粉色系（101）、白色（800）、绿色系
（2022）、茶色系（7025）……各0.5束
蕾丝针0号

尺寸……参照图
作品详见P16

基底、茎 2022
茎
锁针（7针）
⑥
④
②
①
中心
基底

= 将此针的里山挑起后钩织引拔针

花 = 101
= 1043
大 1块
中心
小 4块

蝴蝶 = 800
= 7025
留出0.8cm的线头
钩织起点
锁针起针（9针）
②
①
蝴蝶拼接缝合

拼接方法
6cm
大、小各朵花的中心缝到基底上

I4

25号刺绣线/粉色系（1041）……1束，黄色系（581）、红色
系（190）、白色（800）……各0.5束
蕾丝针0号

尺寸……参照图
作品详见P16

蜻蜓 = 800
= 190
钩织起点
锁针起针（9针）
11
9
②
缝蜻蜓的位置

花瓣
—— = 1041
—— = 581
④
③
②
中心

拼接方法 拼接缝合蜻蜓
5.2cm

× = 短针的条针
= 引拔针的条针

（第4行）=将此短针的里山挑起后再钩织中长针、长针、长长针

I6

25号刺绣线/粉色系（1118）……1束，绿色系（263）……0.5束
蕾丝针0号

尺寸……参照图
作品详见P16

茎、叶子 263
留出10cm的线头
10cm
钩织起点
锁针起针（8针）
①
= 将此锁针的里山挑起后钩织引拔针、短针

花萼 263
⑤
④
③
②
①
中心

花 1118 ※钩织第3行时，在第2行所有短针中织入★。
③
②
①
钩织起点 锁针起针（7针）
此侧向内，卷起

拼接方法
反面 缝合
①卷起花
花萼
缝合
茎、叶子
②花萼与茎、叶子缝合，步骤①的花朵插入花萼内
花与花萼缝合
5.3cm
③钩织到花的第2行，拉到花萼中

18

尺寸……参照图
作品详见P17

25号刺绣线/绿色系（2073）……1束，黄色系（541）、粉色系（1042）……各0.5束
蕾丝针0号

大花朵、茎、叶子的钩织方法

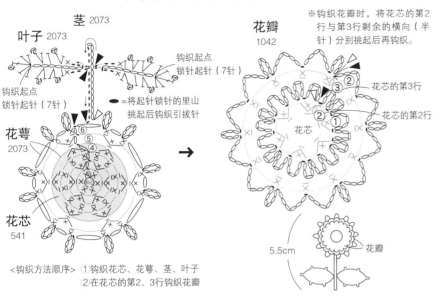

※钩织花瓣时，将花芯的第2行与第3行剩余的横向（半针）分别挑起后再钩织。

<钩织方法顺序>
①钩织花芯、花萼、茎、叶子
②在花芯的第2、3行钩织花瓣

17

尺寸……参照图
作品详见P17

25号刺绣线/紫色系（136）、绿色系（265）、黄色系……各0.5束
蕾丝针0号

花的配色 大

花萼 265
花芯 542
3.5cm
花瓣 136

※各部分按照作品18花朵的方法，替换配色线后再钩织。

19

尺寸……参照图
作品详见P17

25号刺绣线/绿色系（233）……1束，粉色系（125）、黄色系（520）、（542）……各0.5束，粉色系（128）、（1042）、绿色系（263）、米褐色系（731）、茶色系（738）……各少许
蕾丝针0号

大花朵、小花朵的配色表

	大花朵	小花朵 A	小花朵 B
花芯	542	520	520
花瓣	125	128	1042
花萼	233	(a) 233	(a) 233
		(b) 263	(b) 263
茎	233	233	233

※钩织方法记号图
大花朵……作品18
小花朵……作品20 } 参照。
※大、小花朵都不钩织叶子。

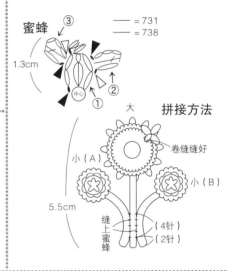

蜜蜂
—— = 731
—— = 738
1.3cm
中心

拼接方法

大
小（A）
小（B）
卷缝缝好
5.5cm
缝上蜜蜂
（4针）
（2针）

20

尺寸……参照图
作品详见P17

25号刺绣线/绿色系（264）……1束，粉色系（128）、黄色系（520）、（542）……各0.5束，绿色系（263）……少许
蕾丝针0号

大花朵、茎、叶子

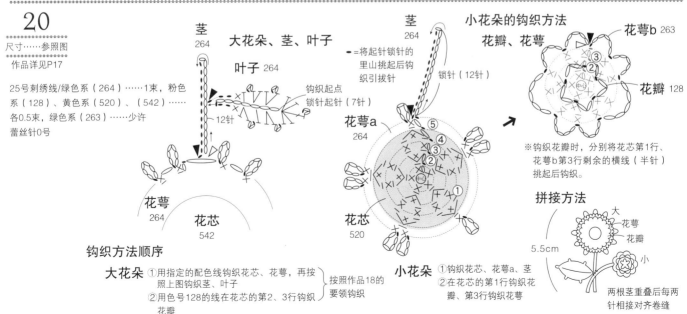

小花朵的钩织方法

花瓣、花萼

花萼b 263
花瓣 128

※钩织花瓣时，分别将花芯第1行、花萼b第3行剩余的横线（半针）挑起后钩织。

茎 264
叶子 264
钩织起点 锁针起针（7针）
12针
花萼 264
花芯 542

茎 264
锁针（12针）
=将起针锁针的里山挑起后钩织引拔针
花萼a 264
花芯 520

钩织方法顺序

大花朵
①用指定的配色线钩织花芯、花萼，再按照上图钩织茎、叶子 } 按照作品18的要领钩织
②用色号128的线在花芯的第2、3行钩织花瓣

小花朵
①钩织花芯、花萼a、茎
②在花芯的第1行钩织花瓣、第3行钩织花萼

拼接方法

大
花萼
花芯
花瓣
5.5cm
小

两根茎重叠后每两针相接对齐卷缝

21
龙胆花

22
牵牛花

23
报春花

24
绣球花

蓝色、紫色
系的花朵

钩织方法：P22　设计制作：今村曜子

25
紫藤花

26
三色堇

27
倒金钟

28
铁线莲

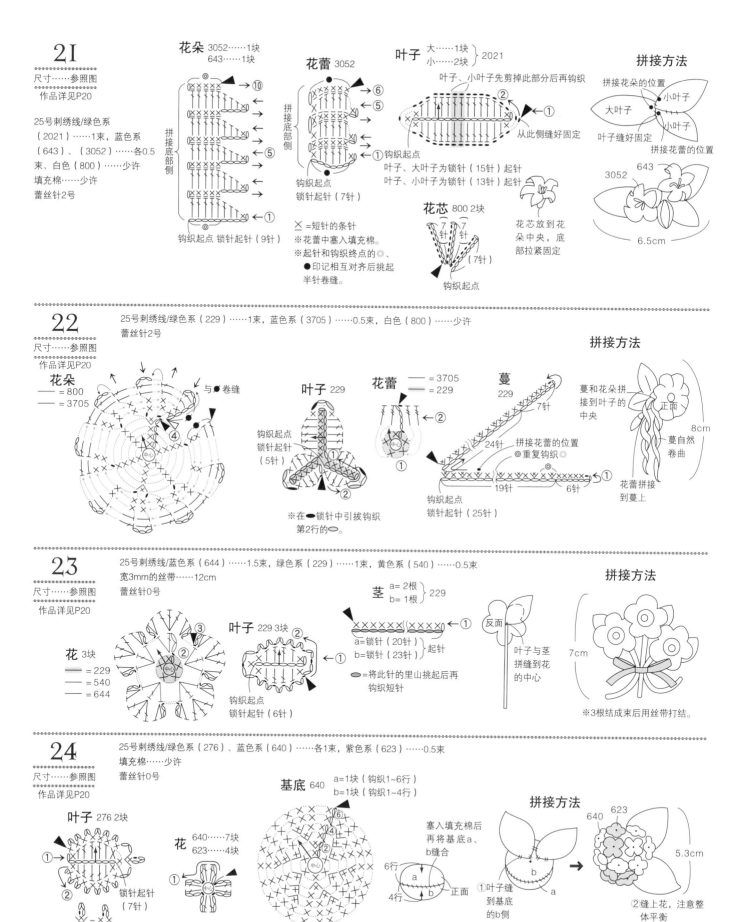

21

尺寸……参照图
作品详见P20

25号刺绣线/绿色系
（2021）……1束，蓝色系
（643）、（3052）……各0.5
束、白色（800）……少许
填充棉……少许
蕾丝针2号

花朵 3052……1块
643……1块

拼接底部侧
钩织起点 锁针起针（9针）

花蕾 3052
拼接底部侧
钩织起点
锁针起针（7针）

✕=短针的条针
※花蕾中塞入填充棉。
※起针和钩织终点的◎、
　●印记相互对齐后挑起
　半针卷缝。

叶子 大……1块 ⎫2021
　　　 小……2块 ⎭

叶子、小叶子先剪掉此部分后再钩织
从此侧缝好固定
叶子、大叶子为锁针（15针）起针
叶子、小叶子为锁针（13针）起针

花芯 800 2块
7针 7针
（7针）
钩织起点

花芯放到花
朵中央，底
部拉紧固定

拼接方法

拼接花朵的位置
大叶子　小叶子
小叶子
叶子缝好固定
拼接花蕾的位置

3052　643

6.5cm

22

尺寸……参照图
作品详见P20

25号刺绣线/绿色系（229）……1束，蓝色系（3705）……0.5束，白色（800）……少许
蕾丝针2号

花朵
—— = 800
—— = 3705

与●卷缝
中心

叶子 229
钩织起点
锁针起针
（5针）

※在●锁针中引拔钩织
第2行的◎。

花蕾 —— = 3705
　　　 —— = 229
中心

蔓 229
7针
24针
拼接花蕾的位置
◎重复钩织◎
钩织起点
锁针起针（25针）
19针　　6针

拼接方法

蔓和花朵拼
接到叶子的
中央

正面
蔓自然
卷曲

8cm

花蕾拼接
到蔓上

23

尺寸……参照图
作品详见P20

25号刺绣线/蓝色系（644）……1.5束，绿色系（229）……1束，黄色系（540）……0.5束
宽3mm的丝带……12cm
蕾丝针0号

花 3块
▨ = 229
—— = 540
—— = 644
中心

叶子 229 3块
钩织起点
锁针起针（6针）

茎 a= 2根 ⎫229
　　 b= 1根 ⎭
a=锁针（20针）
b=锁针（23针）起针

●=将此针的里山挑起后再
钩织短针

拼接方法

反面
叶子与茎
拼缝到花
的中心

7cm

※3根结成束后用丝带打结。

24

尺寸……参照图
作品详见P20

25号刺绣线/绿色系（276）、蓝色系（640）……各1束，紫色系（623）……0.5束
填充棉……少许
蕾丝针0号

叶子 276 2块
锁针起针
（7针）
◦◦ = ✕✕

花 640……7块
623……4块
中心

基底 640
a=1块（钩织1~6行）
b=1块（钩织1~4行）
中心

塞入填充棉后
再将基底a、
b缝合

6行
4行
a
b
正面

拼接方法

640　623

①叶子缝
到基底
的b侧

a
b

②缝上花，注意整
体平衡

5.3cm

22

25

25号刺绣线/紫色系（62）……2束，绿色系（273）……0.5束
蕾丝针0号

尺寸……参照图
作品详见P21

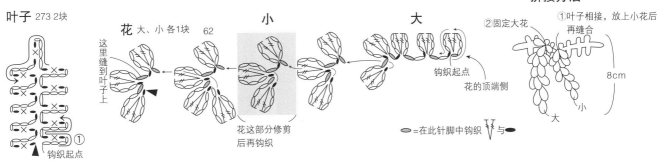

叶子 273 2块

这里缝到叶子上

① 钩织起点

花 大、小 各1块 62

小

花这部分修剪后再钩织

大

钩织起点

花的顶端侧

拼接方法

①叶子相接，放上小花后再缝合

②固定大花

8cm

小

大

● =在此针脚中钩织

26

25号刺绣线/绿色系（277）……1束，黄色系（503）、紫色系（603）、黑色（900）……各0.5束
蕾丝针2号

尺寸……参照图
作品详见P21

花朵 2块

在第2行×的反面钩织
第3~5行……603
在第2行×的反面钩织

① ③ ⑤
② ④
中心

第1行……900
第2行……503

× （第2行）=在圆环中钩织
● （第1行）=将此锁针挑起后钩织第2行的 V 与 V

基底 277

中心

叶子 277 3块

钩织起点
锁针起针（8针）

拼接方法

基底（正面）

1行

①在基底的第1行钩织3片叶子

6.5cm

②2块花朵拼接到步骤①带叶子的基底上

27

25号刺绣线/绿色系（251）、（276）、紫色（603）、白色（800）……各0.5束
蕾丝针0号

尺寸……参照图
作品详见P21

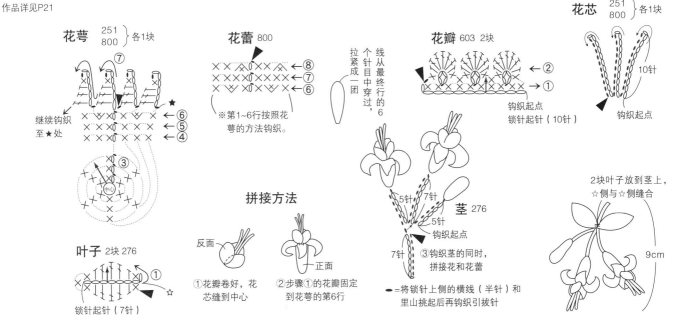

花萼 251 800 各1块

继续钩织至★处

⑦
★
←⑥
←⑤
←④
③
中心

花蕾 800

←⑧
←⑦
←⑥

※第1~6行按照花萼的方法钩织。

线从最终行的6个针目中穿过，拉紧成一团

花瓣 603 2块

←②
→①

钩织起点
锁针起针（10针）

花芯 251 800 各1块

10针

钩织起点

5针 7针

茎 276

5针

钩织起点

7针

③钩织茎的同时，拼接花和花蕾

● =将锁针上侧的横线（半针）和里山挑起后再钩织引拔针

叶子 2块 276

①
☆

锁针起针（7针）

拼接方法

反面

①花瓣卷好，花芯缝到中心

正面

②步骤①的花瓣固定到花萼的第6行

2块叶子放到茎上，☆侧与☆侧缝合

9cm

黄色系、橙
色系的花朵

29
蒲公英

30
蒲公英与白三叶草

31
蒲公英与白三叶草

32
蒲公英与蝴蝶

钩织方法：29、30、32-P26 31-P71　设计制作：Endo Hiromi

33a
水仙

34
金桂

33b

35
宫灯花

36
向日葵

37a

花菱草

37c

37b

钩织方法：33~35-P27 36、37-P71　设计制作：Endo Hiromi

29

25号刺绣线/黄色系（501）、（522）……各1束
蕾丝针2号

尺寸……参照图

作品详见P24

花瓣A a、c……522
b……501

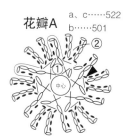

花瓣B a、c……501
b……522

基底 501

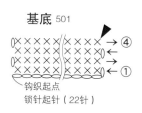

钩织起点
锁针起针（22针）

拼接方法
花a、b、c相同

①花朵的花瓣A、B
重叠，中心缝合

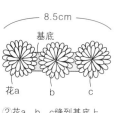

②花a、b、c缝到基底上

花瓣A、B（第2行）=在第1行的短针中引拔钩织，即在
头针外侧的半针中引拔钩织

30

25号刺绣线/黄色系（520）、（5205）……各1束，黄色系（522）、绿色系（292）……0.5束
填充棉……少许
蕾丝针2号

尺寸……参照图

作品详见P24

※花的钩织方法与作品29的钩织方法相同（花瓣的配色参照拼接方法图）。

白三叶草 — = 292
— = 520

※反面用作正面。

茎 3根 292

锁针起针
（20针）

白三叶草
白三叶草中塞入
填充棉，线从最
后的18个针目中
穿过，拉紧成一
团，再缝上茎

拼接方法

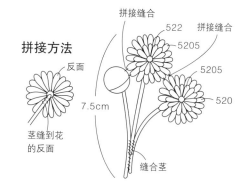

茎缝到花
的反面

32

25号刺绣线/绿色系（245）、（2071）……各0.5束，黄色系（551）、（580）、（581）、本白……各0.5束，茶色系（815）……少许
蕾丝针2号

尺寸……参照图

作品详见P24

花朵

花瓣A 581
花瓣B 580

钩织方法见作品
29（参照P26）

蝴蝶 — = 850
— = 815

白三叶草

551
245

钩织方法见作品
30（参照P26）

叶子 2071
245 } 各1块

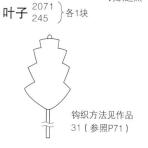

钩织方法见作品
31（参照P71）

钩织起点

拼接方法

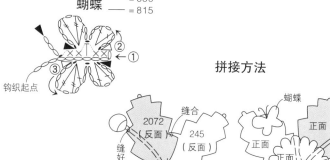

2072
（反面）
245
（反面）
缝合
缝好
缝合

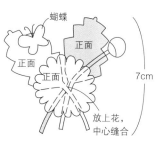

蝴蝶
正面
正面
正面
放上花，
中心缝合
7cm

①白三叶草的两块叶子重叠，
按照图示方法缝好

②翻到正面，缝上花和蝴蝶

※按指定的配色钩织白三叶草、叶子、花，
钩织方法参照各指定页。

33

尺寸……参照图

作品详见P25

25号刺绣线/黄色系（520）、（502）……各1束，
黄色系（524）、橙色系（535）……各少许
蕾丝针2号

a、b的配色表

		行	a	b
花瓣	A	第1、2行	520	502
	B	第1、2行	520	502
花芯		第1、2行	524	502
		第3行	524	535

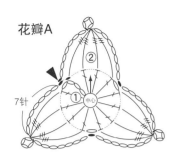
花瓣A
7针

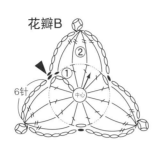
花瓣B
6针

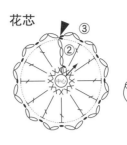
花芯

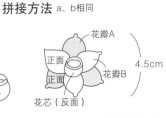
拼接方法 a、b相同

花瓣A
花瓣B
正面
正面
4.5cm
花芯（反面）

花瓣A与B重叠，中心缝合固定，
再固定花芯

34

尺寸……参照图

作品详见P25

25号刺绣线/绿色系（246）、（289）……各0.5束，
黄色系（532）、茶色系（575）……各少许，
金银线/黄色（L10）……少许
蕾丝针2号

花 532

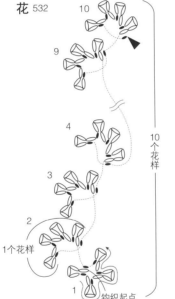

10个花样

1个花样

钩织起点

茎 575

钩织起点 锁针起针（18针）

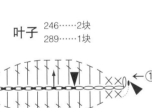
叶子
246……2块
289……1块

茎固定到此侧

钩织起点
锁针起针
（15针）

用金银线（L10）钩织引拔针
（钩织方法参照P43）

拼接方法

①花朵卷成螺旋状，底部缝合固定

②茎与茎缝合固定

③花朵缝到中央

8.5cm

35

尺寸……参照图

作品详见P25

25号刺绣线/绿色系（2070）、（2445）、橙色系（752）……各0.5束
蕾丝针2号

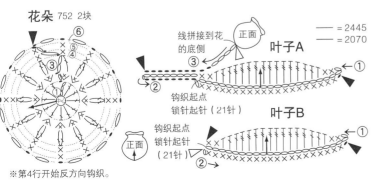
花朵 752 2块

※第4行开始反方向钩织。

线拼接到花的底侧

正面

叶子A
—— = 2445
—— = 2070

钩织起点
锁针起针（21针）

叶子B

钩织起点
锁针起针
（21针）

正面

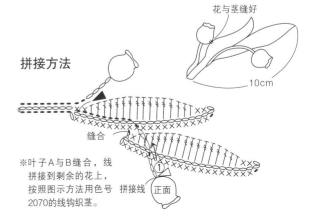
拼接方法

花与茎缝好

缝合

10cm

正面

※叶子A与B缝合，线
拼接到剩余的花上，
按照图示方法用色号
2070的线钩织茎。

正面

38
雏菊

39
风铃草

单色的花朵

40
桔梗

41
菊花

42a

42b

42c

渐变色蔷薇

42d

42e

钩织方法：P31　设计制作：Matsumoto Kaoro

39

尺寸……参照图
作品详见P28
重点提示P9

25号刺绣线 白色（800）……1束，灰色系（440）……少许
花艺用铁丝（26号）……12cm
蕾丝针0号

拼接方法

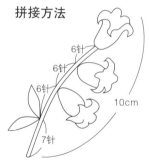

6针
6针
6针
7针
10cm

花与叶子缝到茎上

叶子
440

7针
7针
①

钩织起点
锁针起针（7针）

花 800 3块

与作品3（参照P10）白三叶草的钩织方法相同

※包住铁丝，同时将锁针的里山挑起后钩织短针（钩织方法参照P9）。

茎
440

←①
锁针起针（25针）

41

尺寸……参照图
作品详见P28

25号刺绣线/本白色（850）……1束，米褐色系（731）……0.5束
填充棉……少许
蕾丝针0号

花瓣

——— = 731
—— = 850

⑥ ⑤ ④ ③ ② ⑥
中心

<花瓣的钩织方法>
第1行……线绕成圆环，钩织5针短针
第2行……钩织10针（+5针）短针
第3行……将第2行短针的内侧横线（半针）挑起后再钩织引拔针，同时按照图示方法钩织10片花瓣
第4行……将第2行剩余的外侧横线（半针）挑起后在5个位置加针，同时钩织15针短针
第5行……将第4行短针内侧的横线（半针）挑起后钩织引拔针，同时再钩织15片花瓣
第6行……将第4行剩余的外侧横线（半针）挑起后钩织引拔针，同时再钩织15片花瓣

731
850

花芯 731

②
中心

拼接方法

4cm

花芯中塞入填充棉，缝到花瓣中心

━ （第3、5行）=将所示行内侧的横线（半针）
╳・╳ （第4行）
╳ （第6行）=将所示行外侧的横线（半针）

挑起后再分别用条针钩织

42

尺寸……参照图
作品详见P29

25号刺绣线/
a 黄色系（554）……2束，橙色系（753）、（754）……各1束，绿色系（2052）……0.5束
b 粉色系（116）……2束，粉色系（117）、（119）……各1束，绿色系（210）……0.5束
c 紫色系（132）……2束，紫色系（133）、（134）……各1束，绿色系（2013）……0.5束
d 蓝色系（353）……2束，蓝色系（355）、（357）……各1束，绿色系（202）……0.5束
e 绿色系（290）……2束，绿色系（283）、（288）……各1束，蓝色系（344）……0.5束
f 米褐色系（742）……2束，茶色系（737）、（744）……各1束，绿色系（245）……0.5束
g 本白色系（850）……2束，灰色系（421）、（422）……各1束，绿色系（288）……0.5束
h 粉色系（1014）……2束，粉色系（1121）、（1122）……各1束，绿色系（238）……0.5束
I 绿色系（201）……2束，绿色系（203）、（204）……各1束，蓝色系（318）……0.5束
蕾丝针0号

封面蔷薇的作品序号

※P29的作品与封面的
　a～e相同。

※花a~i的A、B、C色与叶子、花芯的配色参照下图。

━━━━ =A色　━━━ =B色　━━━ =C色

※先钩织A、B、C色花瓣共计11片，再将11片
花瓣的下侧用短针连接，同时钩织2行。

<花样的拼接方法> ＝钩织完第2行的↑后，暂时取出针，再
将钩针插入相邻的↑中，接着把之前
取出的针目挂到针尖上，引拔抽出。
随后按照记号继续钩织

花瓣、花芯、叶子的配色表

		a	b	c	d	e	f	g	h	i
花瓣	A色	754	119	134	357	288	737	422	1122	204
	B色	753	117	133	355	283	744	421	1121	203
	C色	554	116	132	353	290	742	850	1014	201
花芯		754	119	134	357	288	737	422	1122	204
叶子		2052	210	2013	202	344	245	288	238	318

花芯 ※配色参照表。

钩织起点 锁针起针（5针）

叶子

钩织起点 锁针起针（9针）

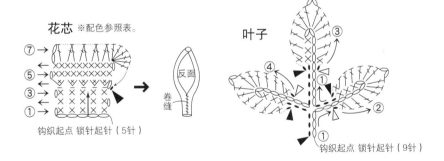

拼接方法

花瓣正面朝外放到中
心，从花芯的中心侧
开始，将底部缠紧

叶子起点侧的
拼接位置

用同样的线将花瓣的
底部缝合

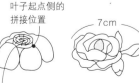

7cm

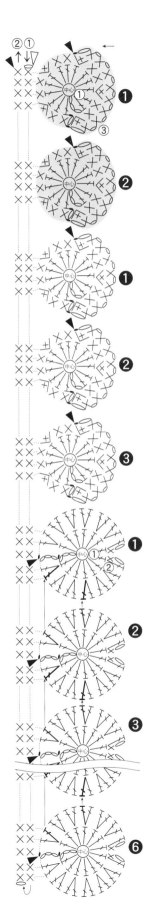

身边的小宠物，动物园、水族馆里的人气明星们，各种小图案汇集于此。

天真烂漫的表情，随时给人温暖的感觉。

粉色的兔子、白色的兔子、棕色的兔子……

各种颜色的小伙伴们都一起来吧！

PART
II

生物

43
白鹅

44
青蛙

46
熊猫

45
兔子

钩织方法：P34　设计制作：Ichikawa Miyuki

重点提示 44　作品详见P8

配色线的替换方法

[第5行]

引拔抽出的针脚

步骤1引拔钩织的针脚

A

2针　4针　2针

I 钩针插入第5行第2针的短针位置，引拔抽出线后再将原线挂到钩针上（看着织片反面钩织时，线从外侧挂到内侧），接着用配色线引拔钩织。

2 包住原线和配色线的两根线头，同时再钩织短针。钩织完第3针后如图A。

3 用配色线钩织4针，钩织第4针时按步骤1的要领将配色线挂到针上，按照箭头所示引拔抽出原线，钩织短针。左端的2针用原线钩织，如图A。

4 钩织完第5行后包住编织线，同时再钩织的仅是配色线部分。

[第4行]

正面

5 钩织1针立起的锁针，钩织第1针短针的最后一步时将原线挂到钩针上（看着织片正面钩织时，线从内侧拉到外侧），再用配色线引拔钩织。第1针钩织完成后如图A。

6 从第2针开始，包住原线，用配色线钩织。

7 用配色线钩织至第6针短针的最后一步时，按照步骤5的要领，将配色线挂到针上，再用圆形环引拔钩织，顶端也用原线钩织1针。

8 第6行钩织完成后如图。

重点提示 45　作品详见P8

主体的拼接方法

A　B

I 同样的织片钩织2块。

2 织片的反面与反面相对，每隔1行钩织1针短针连接。

3 钩织短针时注意整体平衡，避免错位。

4 除耳朵以外，在中途塞入填充棉（A）。处理线头，完成主体（B）。

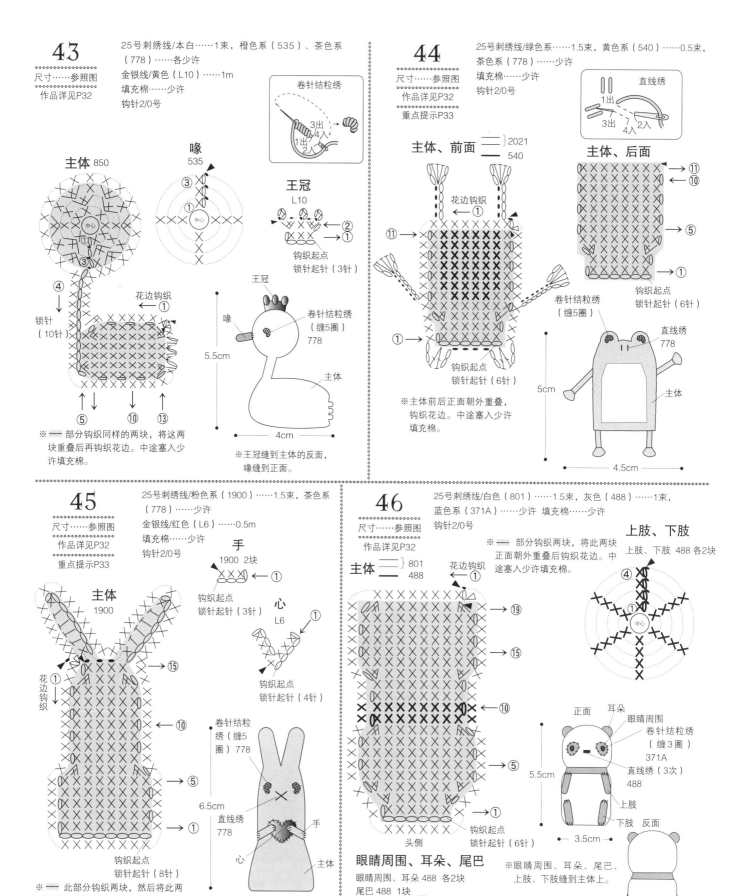

43

尺寸……参照图
作品详见P32

25号刺绣线/本白……1束，橙色系（535）、茶色系
（778）……各少许
金银线/黄色（L10）……1m
填充棉……少许
钩针2/0号

卷针结粒绣

主体 850

喙 535

王冠 L10

花边钩织 ①

钩织起点
锁针起针（3针）

主体
花边钩织 ①

锁针（10针）

⑤ ⑩ ⑬

※ ▬ 部分钩织同样的两块，将这两
块重叠后再钩织花边。中途塞入少
许填充棉。

王冠

喙

卷针结粒绣
（缠5圈）
778

主体

5.5cm

4cm

※王冠缝到主体的反面，
喙缝到正面。

44

尺寸……参照图
作品详见P32
重点提示P33

25号刺绣线/绿色系……1.5束，黄色系（540）……0.5束，
茶色系（778）……少许
填充棉……少许
钩针2/0号

直线绣

主体、前面 ═╛2021 ━540

花边钩织 ①

① ⑪

钩织起点
锁针起针（6针）

※主体前后正面朝外重叠，
钩织花边。中途塞入少许
填充棉。

主体、后面 ⑪ ⑩ ⑤ ①

钩织起点
锁针起针（6针）

卷针结粒绣
（缠5圈）

直线绣
778

主体

5cm

4.5cm

45

尺寸……参照图
作品详见P32
重点提示P33

25号刺绣线/粉色系（1900）……1.5束，茶色系
（778）……少许
金银线/红色（L6）……0.5m
填充棉……少许
钩针2/0号

手 1900 2块 ①

钩织起点
锁针起针（3针）

心 L6 ①

钩织起点
锁针起针（4针）

主体 1900

花边钩织 ①

⑮ ⑩ ⑤ ①

卷针结粒绣（缠5圈）778

6.5cm

直线绣 778

心 手 主体

钩织起点
锁针起针（8针）

3cm

※ ▬ 此部分钩织两块，然后将此两
块正面朝外重叠，再钩织花边。中
途塞入少许填充棉。

※心与手缝到主体上。

46

尺寸……参照图
作品详见P32

25号刺绣线/白色（801）……1.5束，灰色（488）……1束，
蓝色系（371A）……少许 填充棉……少许
钩针2/0号

※ ▬ 部分钩织两块，将此两块
正面朝外重叠后钩织花边。中
途塞入少许填充棉。

主体 ═╛801 ━488

花边钩织 ①

⑲ ⑮ ⑩ ⑤ ①

头侧

钩织起点
锁针起针（6针）

眼睛周围、耳朵、尾巴
眼睛周围、耳朵 488 各2块
尾巴 488 1块

上肢、下肢
上肢、下肢 488 各2块
④ ①

正面

耳朵

眼睛周围

卷针结粒绣
（缠3圈）
371A

直线绣（3次）
488

上肢

下肢 反面

5.5cm

3.5cm

※眼睛周围、耳朵、尾巴、
上肢、下肢缝到主体上。

尾巴

34

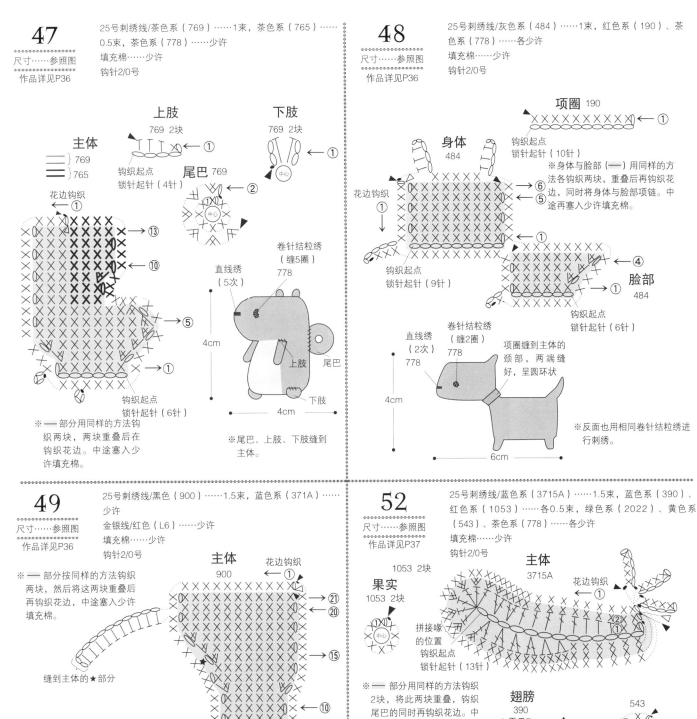

47

25号刺绣线/茶色系（769）……1束，茶色系（765）……
0.5束，茶色系（778）……少许
填充棉……少许
钩针2/0号

尺寸……参照图
作品详见P36

48

25号刺绣线/灰色系（484）……1束，红色系（190）、茶
色系（778）……各少许
填充棉……少许
钩针2/0号

尺寸……参照图
作品详见P36

主体
╍}769
═}765
花边钩织
←①

上肢
769 2块
钩织起点
锁针起针（4针）

下肢
769 2块
←①

尾巴 769
←②

直线绣
（5次）

卷针结粒绣
（缠5圈）
778

←⑬
←⑩
→⑤
→①

钩织起点
锁针起针（6针）

4cm

上肢

尾巴

下肢

4cm

※ ━ 部分用同样的方法钩
织两块，两块重叠后在
钩织花边。中途塞入少
许填充棉。

※尾巴、上肢、下肢缝到
主体。

项圈 190
←①
钩织起点
锁针起针（10针）

身体
484
花边钩织
←①

→⑥
→⑤
←①

脸部
484
←④
←①

钩织起点
锁针起针（9针）

钩织起点
锁针起针（6针）

※身体与脸部（━）用同样的方
法各钩织两块，重叠后再钩织花
边，同时将身体与脸部项链。中
途再塞入少许填充棉。

直线绣
（2次）
778

卷针结粒绣
（缠2圈）
778

项圈缠到主体的
颈部，两端缝
好，呈圆环状

4cm

6cm

※反面也用相同卷针结粒绣进
行刺绣。

49

25号刺绣线/黑色（900）……1.5束，蓝色系（371A）……
少许
金银线/红色（L6）……少许
填充棉……少许
钩针2/0号

尺寸……参照图
作品详见P36

※ ━ 部分按同样的方法钩织
两块，然后将这两块重叠后
再钩织花边，中途塞入少许
填充棉。

主体
900

花边钩织
←①

→㉑
→⑳

项圈

→⑮

→⑩

→⑤

→①

缝到主体的★部分

卷针结粒绣针迹
（缠5圈）371A

项圈缠到主体的颈
部，两端相接形成
圆环，反面固定

直线缝针迹
371A

钩织起点
锁针起针（8针）

6cm

3.5cm

项圈
L6 1根
锁针（20针）

52

25号刺绣线/蓝色系（3715A）……1.5束，蓝色系（390）、
红色系（1053）……各0.5束，绿色系（2022）、黄色系
（543）、茶色系（778）……各少许
填充棉……少许
钩针2/0号

尺寸……参照图
作品详见P37

1053 2块

果实
1053 2块

主体
3715A

花边钩织
←①

→②
→①

拼接喙
的位置
钩织起点
锁针起针（13针）

※ ━ 部分用同样的方法钩织
2块，将此两块重叠，钩织
尾巴的同时再钩织花边。中
途塞入少许填充棉。

翅膀
390
钩织起点
锁针起针（5针）

543
→②
→①

树枝
2022
锁针（8针）

卷针结粒绣
（缠5圈）
778

翅膀缝到主体

喙缝到主体

主体

4cm

树枝对折后
缝到喙

果实缝到树枝的两端

8cm

47
松鼠

48
小狗

49
小猫

钩织方法：P35　设计制作：Ichigawa Miyuki

50
金鱼

51
小鸭子

52
青鸟

53
乌龟

钩织方法：50、51-P38 52-P35 53-P39 设计制作：Ichigawa Miyuki

尺寸……参照图
作品详见P37

25号刺绣线/红色系（701）……1.5束，白色（800）、粉色系（156）……各0.5束，黑色（900）……少许
填充棉……少许
钩针2/0号

主体
— 701
— 800
— 156

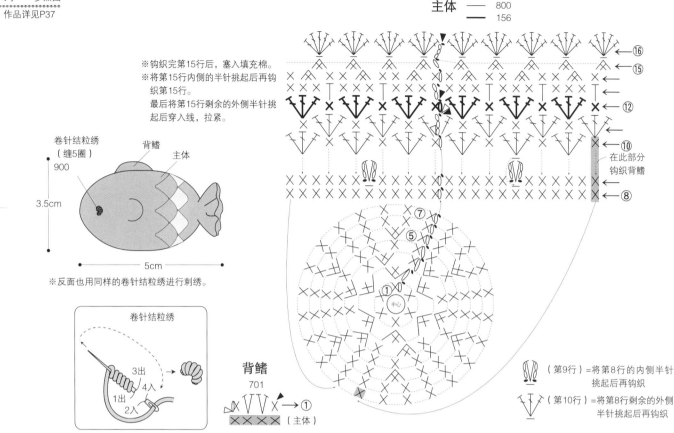

※钩织完第15行后，塞入填充棉。
※将第15行内侧的半针挑起后再钩织第15行。
最后将第15行剩余的外侧半针挑起后穿入线，拉紧。

卷针结粒绣
（缠5圈）
900
背鳍
主体

3.5cm

5cm

※反面也用同样的卷针结粒绣进行刺绣。

卷针结粒绣
3出
4入
1出
2入

背鳍
701
→①
（主体）

⑯
⑮
⑫
⑩
在此部分钩织背鳍
⑧

⑦
⑤
①
中心

（第9行）=将第8行的内侧半针挑起后再钩织
（第10行）=将第8行剩余的外侧半针挑起后再钩织

尺寸……参照图
作品详见P37

25号刺绣线/黄色系（541）……1.5束，橙色系（535）、茶色系（778）……各少许
填充棉……少许
钩针2/0号

头部
541

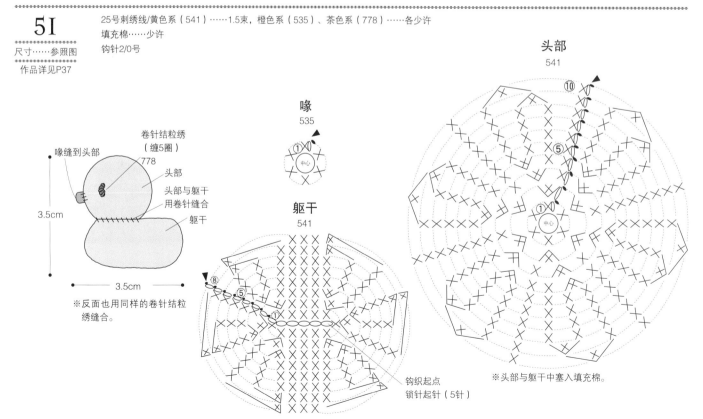

卷针结粒绣
（缠5圈）
778
喙缝到头部
头部
头部与躯干用卷针缝合
躯干

3.5cm

喙
535
①
中心

躯干
541

3.5cm

※反面也用同样的卷针结粒绣缝合。

⑩
⑤
①
中心

⑧
⑤
①

钩织起点
锁针起针（5针）

※头部与躯干中塞入填充棉。

53

尺寸……参照图
作品详见P37

25号刺绣线/米褐色系（733）……1.5束，绿色系（2215）……1束，橙色系（534）、粉色系（186）……各0.5束，茶色系（778）……少许
填充棉……少许
钩针2/0号

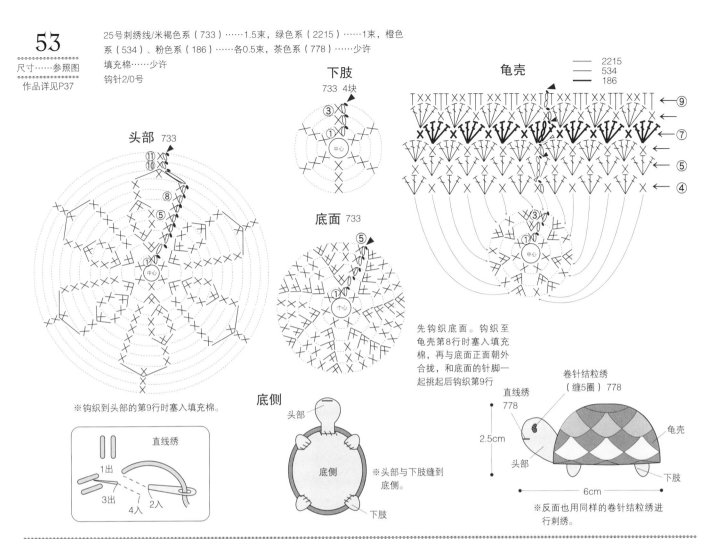

头部 733

下肢 733 4块

底面 733

龟壳
— 2215
— 534
— 186

※钩织到头部的第9行时塞入填充棉。

直线绣
1出
3出
4入 2入

底侧
头部
底侧
下肢
※头部与下肢缝到底侧。

先钩织底面。钩织至龟壳第8行时塞入填充棉，再与底面正面朝外合拢，和底面的针脚一起挑起后钩织第9行

卷针结粒绣（缠5圈）778
直线绣 778
2.5cm
头部
龟壳
下肢
6cm
※反面也用同样的卷针结粒绣进行刺绣。

54

尺寸……参照图
作品详见P40

25号刺绣线/蓝色系（372A）……1束，本白（850）……0.5束，茶色系（778）、黄色系（540）……各少许
填充棉……少许
钩针2/0号

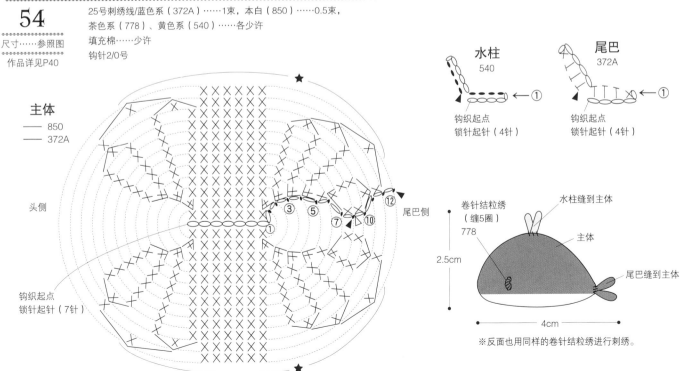

主体
— 850
— 372A

水柱 540
钩织起点
锁针起针（4针）

尾巴 372A
钩织起点
锁针起针（4针）

头侧

尾巴侧

钩织起点
锁针起针（7针）

卷针结粒绣（缠5圈）778
水柱缝到主体
2.5cm
主体
尾巴缝到主体
4cm
※反面也用同样的卷针结粒绣进行刺绣。

※主体中塞入填充棉，★与★处用卷针缝合。

54
鲸鱼

55
北极熊

56
企鹅

57
海豹

钩织方法：54-P39 55-P42 56、57-P43 设计制作：Ichigawa Miyuki

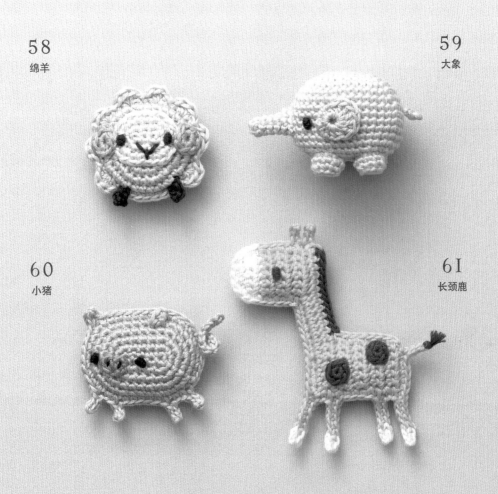

58
绵羊

59
大象

60
小猪

61
长颈鹿

钩织方法：58、60、61—P72 59—P42　设计制作：Ichigawa Miyuki

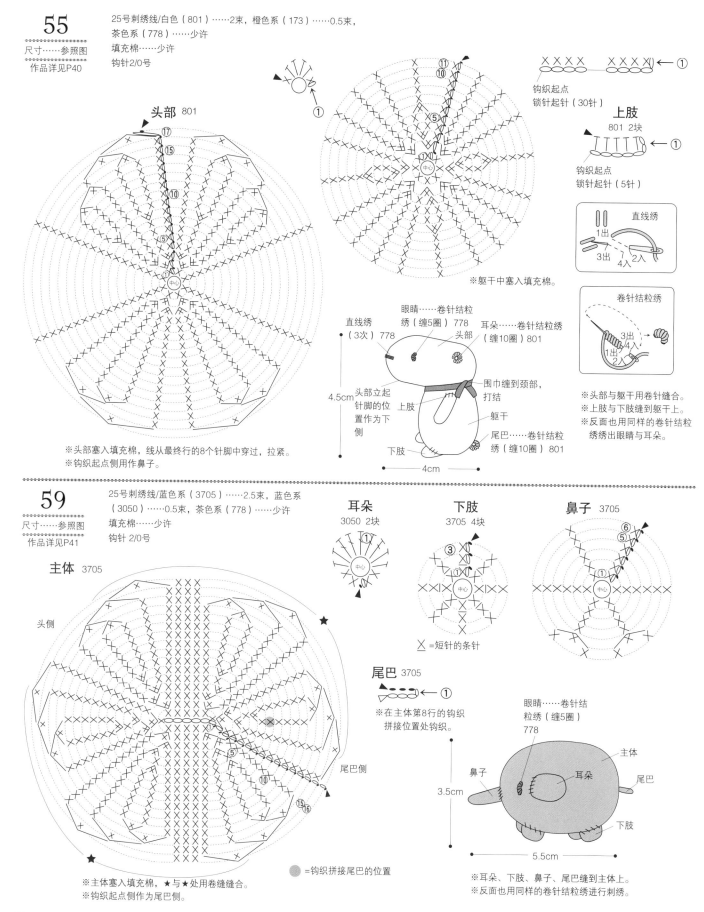

55

25号刺绣线/白色（801）......2束，橙色系（173）......0.5束，
茶色系（778）......少许
填充棉......少许
钩针2/0号

尺寸......参照图
作品详见P40

头部 801

钩织起点
锁针起针（30针）

上肢
801 2块

钩织起点
锁针起针（5针）

直线绣

卷针结粒绣

※躯干中塞入填充棉。

直线绣
（3次）778

眼睛......卷针结粒
绣（缠5圈）778

耳朵......卷针结粒绣
（缠10圈）801

头部

4.5cm

头部立起
针脚的位
置作为下
侧

上肢

围巾缠到颈部，
打结

躯干

尾巴......卷针结粒
绣（缠10圈）801

下肢

4cm

※头部塞入填充棉，线从最终行的8个针脚中穿过，拉紧。
※钩织起点侧用作鼻子。

※头部与躯干用卷针缝合。
※上肢与下肢缝到躯干上。
※反面也用同样的卷针结粒
绣绣出眼睛与耳朵。

59

25号刺绣线/蓝色系（3705）......2.5束，蓝色系
（3050）......0.5束，茶色系（778）......少许
填充棉......少许
钩针2/0号

尺寸......参照图
作品详见P41

主体 3705

头侧

尾巴侧

耳朵
3050 2块

下肢
3705 4块

鼻子 3705

X =短针的条针

尾巴 3705

※在主体第8行的钩织
拼接位置处钩织。

眼睛......卷针结
粒绣（缠5圈）
778

鼻子

3.5cm

主体

耳朵

尾巴

下肢

5.5cm

=钩织拼接尾巴的位置

※主体塞入填充棉，★与☆处用卷缝缝合。
※钩织起点侧作为尾巴侧。

※耳朵、下肢、鼻子、尾巴缝到主体上。
※反面也用同样的卷针结粒绣进行刺绣。

56

尺寸……参照图
作品详见P40

25号刺绣线/蓝色系（358）……1束，本白色（850）、黄色系（542）……各0.5束，橙色系、蓝色系（372A）……各少许
填充棉……少许
钩针2/0号

※ —— 部分钩织两块，将此两块重叠后钩织花边。中途塞入少许填充棉。

主体
—— 358
—— 850
—— 542

花边钩织 ①

→⑱
→⑮
→⑩
→⑤
→①

钩织起点
锁针起针（4针）

下肢
542

中心
③
①

喙
535

中心
③
①

卷针结粒绣
（缠5圈）
372A

喙　主体

下肢

4.5cm
4cm

※喙与下肢缝到主体上。
※反面再用同样卷针结粒绣进行刺绣。

57

尺寸……参照图
作品详见P40
重点提示P43

25号刺绣线/灰色（483）……2束，白色（801）……1束，黄色系（554）、粉色系（156）、蓝色系（371A）、黑色（900）……各少许
填充棉……少许
钩针2/0号

※ —— 部分钩织两块，将此两块重叠后钩织花边。中途塞入少许填充棉。

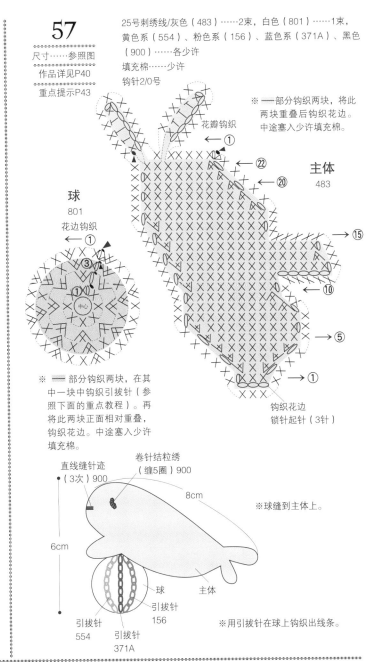

花瓣钩织
←①
←㉒
←⑳

主体
483

→⑮
→⑩
→⑤
→①

钩织花边
锁针起针（3针）

球
801
花边钩织
←①
③
①
中心

※ —— 部分钩织两块，在其中一块中钩织引拔针（参照下面的重点教程）。再将此两块正面相对重叠，钩织花边。中途塞入少许填充棉。

直线缝针迹
（3次）900

卷针结粒绣
（缠5圈）900

8cm

6cm

球
引拔针
156

引拔针
554

引拔针
371A

主体

※球缝到主体上。

※用引拔针在球上钩织出线条。

重点提示 57　作品详见P8　　▪在织片中钩织引拔针的方法▪

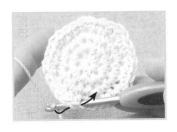

1　从球的织片正面向反面插入针，挂线后按照箭头所示引拔抽出。

2　引拔钩织后如图。然后按照步骤1的要领，从上一行的正面向反面穿入针。

3　在反面将线挂到针上，从正面引拔抽出后如图。

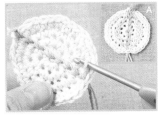

4　重复步骤1~3，沿指定的设计线钩织。钩织出颜色各异的3根线后如图A。

43

香甜美味，看起来就非常可爱的花样。

巧克力味、抹茶味、草莓味……

相同的花样变换颜色后制作出自己喜欢的甜点吧！

Part

III

水果、甜点

62
樱桃

63
树干蛋糕

64
马卡龙蛋糕

钩织方法：P46　设计制作：藤田智子

重点提示 63

作品详见P44

❧ 蛋糕主体1的拼接方法 ❧
（半针卷针）

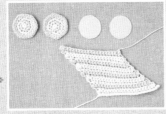

1 钩织蛋糕主体1、蛋糕侧面，准备好厚纸。

2 主体各部分按照图示方法相接合拢，再用半针卷针缝合。

3 钩织起点侧与终点侧剩余的横线（半针）仅在两端挑2次，除此以外均是每针挑1次缝好。

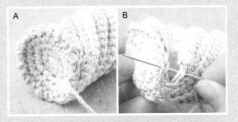

4 缝制完成后如图。

5 圆形配件卷缝缝到两端，在缝合第2块配件的中途依次塞入厚纸、填充棉、厚纸，整理形状的同时缝合。

6 蛋糕主体1完成。

重点提示 72

作品详见P49

❧ 葡萄串的制作方法、拼接方法 ❧

1 钩织3针锁针，再在第1针中钩织中长针3针的枣形针。钩织完成后如图A。

2 按照步骤1的方法一共钩织3个，再按照箭头所示将钩针插入最初的针脚中，挂线引拔钩织。钩织完成后如图A。

3 再重复钩织4次步骤1，然后在箭头位置钩织引拔针。

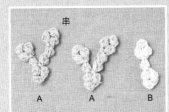

4 引拔钩织完成后如图。

5 参照记号图，钩织3个葡萄串配件。

6 反面用作正面，3个葡萄串重叠。

7 从反面用绷针轻轻固定，编织线穿入缝纫针中，缝合。注意不要影响到正面的效果。

62

25号刺绣线/粉色系（188）、绿色系
（2023）……各0.5束
钩针2/0号

尺寸……参照图

作品详见P44

叶子、茎
2023

果实
※先钩织好果实，再在
果实中引拔钩织。
●=将锁针的里山挑
起后钩织引拔针

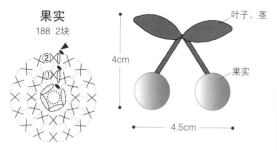

钩织起点
锁针起针（13针）←①

果实
188 2块

叶子、茎

果实

4cm

4.5cm

※钩织第2行的短针时，从钩织起点的锁针圆环插入钩针，
包住第1行的短针进行钩织。

64

25号刺绣线/粉色系（141）、白色系（800）、红色系（190）、绿色系
（2023）……各0.5束
钩针2/0号

尺寸……参照图

作品详见P44

叶子 2023

←①

钩织锁针
锁针起针（5针）

马卡龙

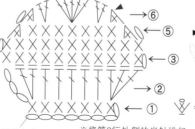

— 141
— 800

←①
→⑥
←⑤
←③
→②
←①

钩织起点
锁针起针（7针）

※将第2行外侧的半针挑起
后再钩织第3行的条针。
※将锁针的里山挑起后钩
织第1行的短针。

奶油
在第2行剩余的内侧半针中
钩织（800）

←①
②

草莓 190

②
①
中心

=在上一行的1个针脚中
钩织╳ ╳（将内侧的半
针挑起）

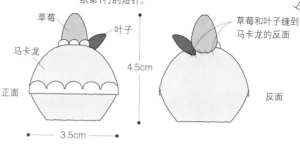

草莓
叶子
马卡龙
正面

草莓和叶子缝到
马卡龙的反面

反面

4.5cm

3.5cm

63

25号刺绣线/茶色系（738）……1.5束，茶色系（736）……1束，红色系（190）……0.5束，
绿色系（2023）……少许
填充棉……少许，厚纸……适量
钩针2/0号

尺寸……参照图

作品详见P44

重点提示P45

蛋糕主体1
— 736
— 738

※反面用作正面。

→⑯
←⑮
→⑩
←⑤

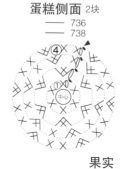

反面

钩织起点（★）与钩织终点（★）用
半针卷缝的方法缝合

钩织起点
锁针起针（20针）

╳·╳=短针的棱针

←①

蛋糕侧面 2块
— 736
— 738

④
中心

蛋糕主体2
— 736
— 738

╳=短针的条针

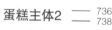
⑥
⑤
中心

果实 190

钩织起点
锁针起针（1针）

叶子
2023

←①

钩织起点
锁针起针（5针）

拼接方法

① 蛋糕图纸1中塞入填充棉，蛋糕的侧面
卷缝到两侧。同时，在蛋糕侧面的内侧
塞入厚纸

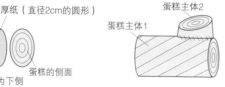

厚纸（直径2cm的圆形）

蛋糕主体1

蛋糕的侧面

缝合的部分作为下侧

② 塞有填充棉的蛋糕主体2缝到
蛋糕主体1上

蛋糕主体2

蛋糕主体1

③ 缝上果实和叶子

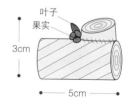

叶子
果实

3cm

5cm

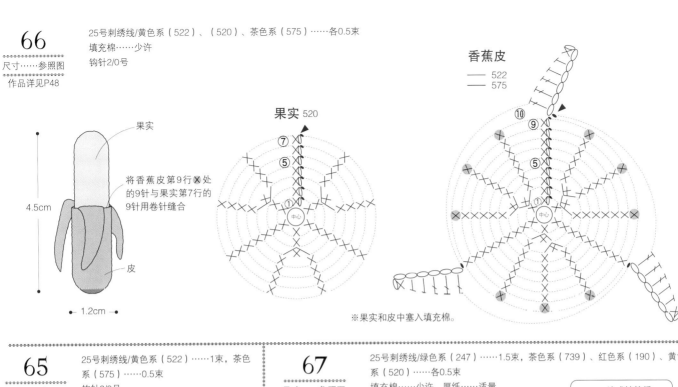

66

尺寸……参照图
作品详见P48

25号刺绣线/黄色系（522）、（520）、茶色系（575）……各0.5束
填充棉……少许
钩针2/0号

果实 520

香蕉皮

—— 522
—— 575

将香蕉皮第9行✕处的9针与果实第7行的9针用卷针缝合

4.5cm

果实

皮

1.2cm

※果实和皮中塞入填充棉。

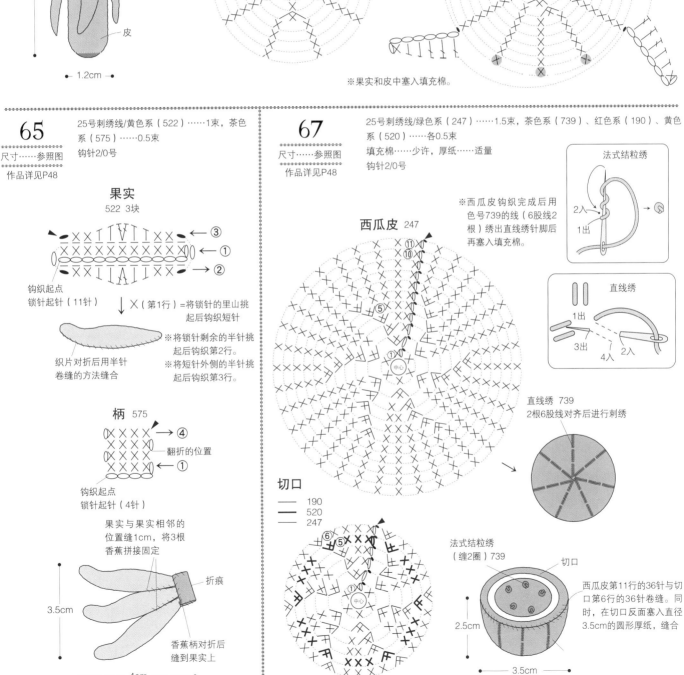

65

尺寸……参照图
作品详见P48

25号刺绣线/黄色系（522）……1束，茶色系（575）……0.5束
钩针2/0号

果实
522 3块

钩织起点
锁针起针（11针）

✕（第1行）=将锁针的里山挑起后钩织短针

※将锁针剩余的半针挑起后钩织第2行。
※将短针外侧的半针挑起后钩织第3行。

织片对折后用半针卷缝的方法缝合

柄 575

翻折的位置

钩织起点
锁针起针（4针）

果实与果实相邻的位置缝1cm，将3根香蕉拼接固定

折痕

3.5cm

香蕉柄对折后缝到果实上

4cm

67

尺寸……参照图
作品详见P48

25号刺绣线/绿色系（247）……1.5束，茶色系（739）、红色系（190）、黄色系（520）……各0.5束
填充棉……少许，厚纸……适量
钩针2/0号

西瓜皮 247

切口

—— 190
—— 520
—— 247

法式结粒绣

2入
1出

※西瓜皮钩织完成后用色号739的线（6股线2根）绣出直线绣针脚后再塞入填充棉。

直线绣

1出
3出
2入
4入

直线绣 739
2根6股线对齐后进行刺绣

法式结粒绣
（缠2圈）739

切口

西瓜皮第11行的36针与切口第6行的36针卷缝。同时，在切口反面塞入直径3.5cm的圆形厚纸，缝合

2.5cm

3.5cm

65
香蕉

66
香蕉

水果

67
西瓜

68
凤梨

钩织方法：65–67–P47 68–P50　设计制作：藤田智子

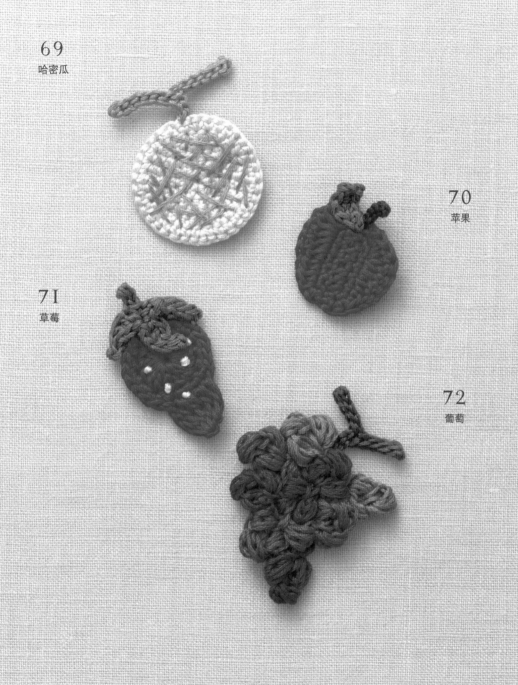

69
哈密瓜

70
苹果

71
草莓

72
葡萄

钩织方法：69、70—P50 71、72—P51　设计制作：藤田智子

68

25号刺绣线/绿色系（293）、黄色系（514）……各1束，黄色系（523）……0.5束
填充棉……少许
钩针2/0号

尺寸……参照图
作品详见P48

叶子 293

果实
—— 514
—— 523
—— 293

※果实中塞入填充棉后，
线从最终行的6个针脚
中穿过，拉紧。

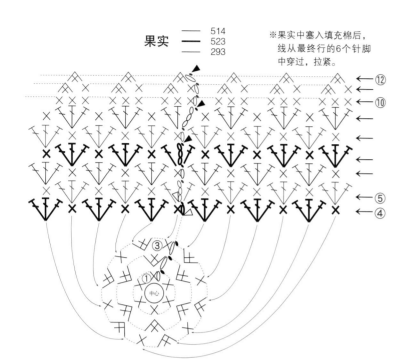

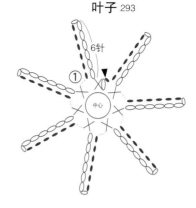

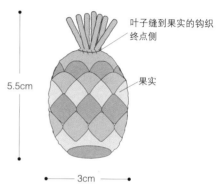

叶子缝到果实的钩织
终点侧

果实

5.5cm

3cm

69

25号刺绣线/绿色系（227）、（237）……各0.5束
钩针2/0号

尺寸……参照图
作品详见P49

果实

※反面用作正面。 227

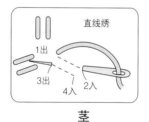

直线绣

1出
3出
2入
4入

茎
237

钩织起点
锁针起针（9针）

●=将锁针的里山挑起后
钩织引拔针

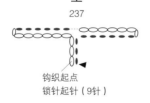

茎缝到果实上

果实上方绣出
直线绣 237

4cm

3.5cm

70

25号刺绣线/红色系（190）、绿色系（2023）……各0.5
束，茶色系（739）……少许
钩针2/0号

尺寸……参照图
作品详见P49

果实
190

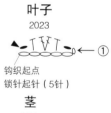

下侧

上侧

钩织起点
锁针起针（5针）

叶子
2023

钩织起点
锁针起针（5针）

茎
739

钩织起点
锁针起针（4针）

●=将锁针的里山挑起后
钩织引拔针

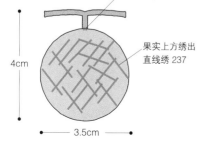

茎和叶子缝
到果实上

3.5cm

3cm

71

25号刺绣线/红色系（190），绿色系（2023）……各0.5束，
黄色系（520）……少许
钩针2/0号

尺寸……参照图
作品详见P49

果实
190

蒂
2023

钩织起点
锁针起针（8针）

法式结粒绣

2入
1出
缠1圈 →

4.5cm
3cm

蒂缝到果实上
法式结粒绣
（缠1圈）520
果实

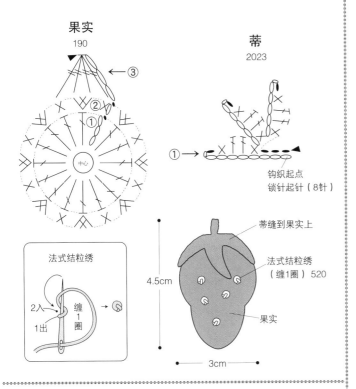

72

25号刺绣线/紫色系（655）、（6655）、（654）、
绿色系（247）……各0.5束
钩针2/0号

尺寸……参照图
作品详见P49
重点提示P45

茎
247

钩织起点
锁针起针（11针）

葡萄串A
655 1块
6655 1块

钩织起点
锁针起针（1针）

※葡萄串的反面用作正面。

葡萄串B 654

钩织起点
锁针起针（1针）

茎
葡萄串B（654）
葡萄串A（6655）
葡萄串A（655）

5cm
4cm

※葡萄串与葡萄串缝
合，注意整体平衡。
然后再缝到茎上。

73

25号刺绣线/茶色系（736）、绿色系（221）、粉色系
（36）……各0.5束，茶色系（739）、黄色系（554）、绿色
系（2021）……各少许
钩针2/0号

尺寸……参照图
作品详见P52

蛋筒
736 ※反面用作正面。

※将第4行外侧的半针挑起
后钩织第5行的条针。

冰淇淋
221、36 各1块

法式结粒绣
（缠1圈）739
554
739
554
221
2021
冰淇淋（221）
缝合
冰淇淋（36）
第5行翻折
到正面
蛋筒

4.5cm
2.5cm

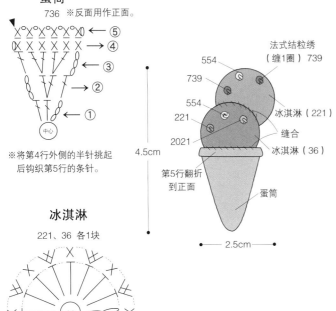

76

25号刺绣线/粉色系（155）、（116）、蓝色系
（220）……各0.5束
钩针2/0号

尺寸……参照图
作品详见P52

丝带 220

钩织起点
锁针起针（5针）

糖果
—— 116
—— 155
（10针）

糖果

丝带缝到
糖果上

5cm
2.5cm

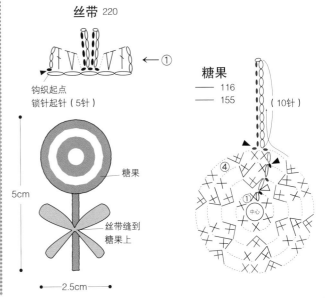

甜点

73
冰淇淋

74
可丽饼

75
糖果

76
棒棒糖

钩织方法：73、76-P51　74、75-P54　设计制作：藤田智子

77
抹茶栗卷蛋糕

78
布丁

79
巧克力蛋糕

80
纸杯蛋糕

钩织方法：77、78-P55 79、80-P73 设计制作：藤田智子

25号刺绣线/黄色系（551）……1束，红色系（190）、本白色（850）……各0.5束，
绿色系（2023）……少许
填充棉……少许
钩针2/0号

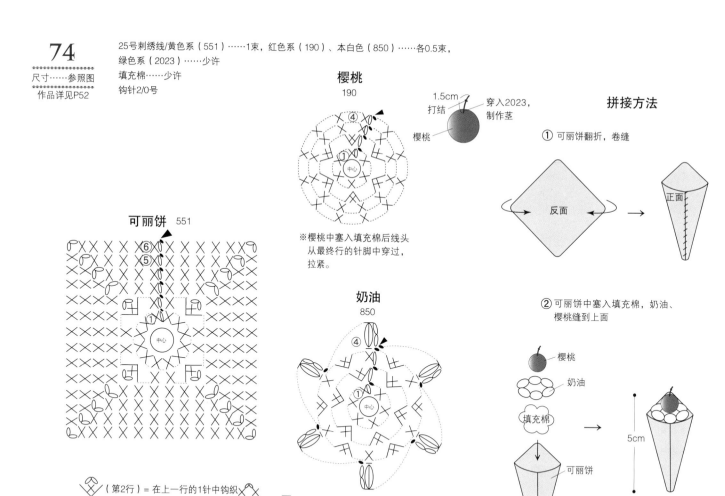

樱桃
190

1.5cm
打结
穿入2023，制作茎
樱桃

※樱桃中塞入填充棉后线头
从最终行的针脚中穿过，
拉紧。

奶油
850

（第4行）＝将短针外侧的半针挑起后钩织

可丽饼 551

（第2行）＝在上一行的1针中钩织

拼接方法

① 可丽饼翻折，卷缝

反面 → 正面

② 可丽饼中塞入填充棉，奶油、
樱桃缝到上面

樱桃
奶油
填充棉
可丽饼

5cm
2.5cm

25号刺绣线/粉色系（184）、（180）……各1束
填充棉……少许
钩针2/0号

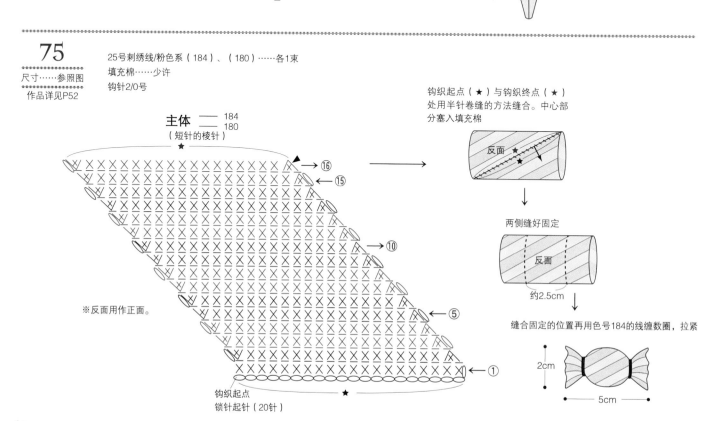

主体 —— 184
—— 180
（短针的棱针）

※反面用作正面。

钩织起点（★）与钩织终点（★）
处用半针卷缝的方法缝合。中心部
分塞入填充棉

反面 ★

两侧缝好固定

反面

约2.5cm

缝合固定的位置再用色号184的线缠数圈，拉紧

2cm

5cm

钩织起点
锁针起针（20针）

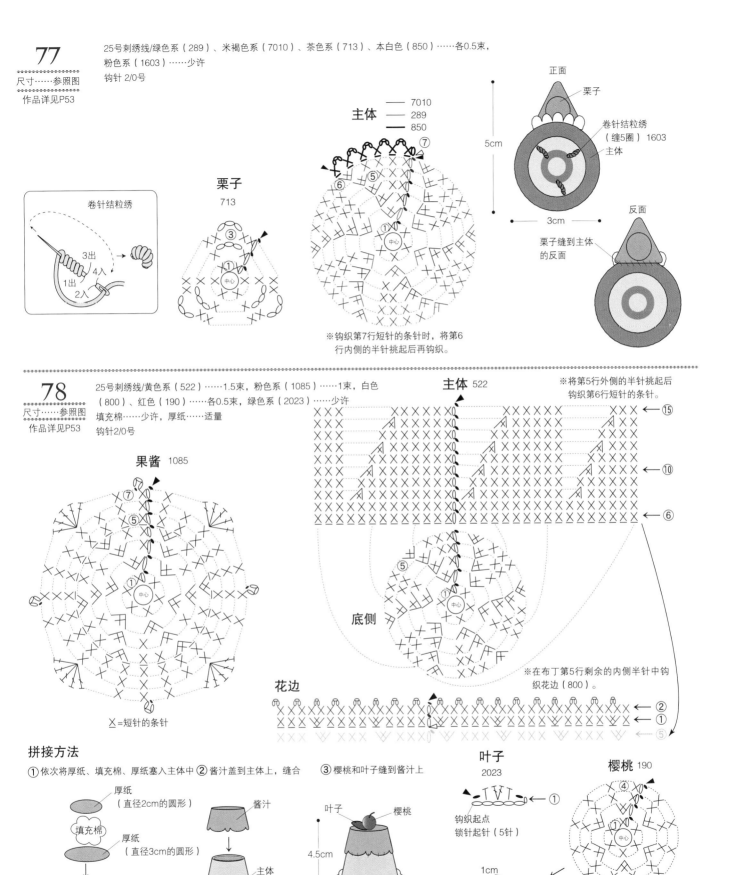

77
尺寸……参照图
作品详见P53

25号刺绣线/绿色系（289）、米褐色系（7010）、茶色系（713）、本白色（850）……各0.5束，
粉色系（1603）……少许
钩针 2/0号

卷针结粒绣
3出
4入
1出
2入

栗子
713

主体
— 7010
— 289
— 850

中心

⑦
⑤
⑥
①

※钩织第7行短针的条针时，将第6行内侧的半针挑起后再钩织。

正面
栗子
卷针结粒绣
（缠5圈）1603
主体
5cm
3cm

反面
栗子缝到主体的反面

78
尺寸……参照图
作品详见P53

25号刺绣线/黄色系（522）……1.5束，粉色系（1085）……1束，白色
（800）、红色（190）……各0.5束，绿色系（2023）……少许
填充棉……少许，厚纸……适量
钩针2/0号

果酱 1085

中心
⑦
⑤
①

X＝短针的条针

主体 522
※将第5行外侧的半针挑起后
钩织第6行短针的条针。
⑮
⑩
⑥

底侧

中心
⑤
①

花边
②
①
⑤

※在布丁第5行剩余的内侧半针中钩织花边（800）。

拼接方法
①依次将厚纸、填充棉、厚纸塞入主体中 ②酱汁盖到主体上，缝合

厚纸
（直径2cm的圆形）
填充棉
厚纸
（直径3cm的圆形）
主体
花边

酱汁
主体

③樱桃和叶子缝到酱汁上

叶子
樱桃
4.5cm
4.5cm

叶子
2023
①
钩织起点
锁针起针（5针）

1cm
打结
2023从圆环中穿入，制作茎
樱桃

樱桃 190
④
①
中心

※樱桃中塞入填充棉，然后从最终行的12个针脚中穿入线，拉紧。

蝴蝶结、心形等各种流行物件都是女孩们喜欢的。
试着在身边的小物上加入点装饰，
用段染线或金银线钩织更能凸显时尚哦！

Part

IV

人气花样

81
蝴蝶结

82
鞋子

83
心形

重点提示 93 作品详见P64

∘ 长针正拉针1针交叉（中心织入1针锁针）的钩织方法 ∘

[第3行]

[第5行]

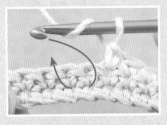

1 针上挂线，按照箭头所示将上两行的针脚成束挑起后钩织长针的正拉针。

2 钩织完正拉针后再钩织1针短针。然后按照箭头所示成束挑针，钩织长针的正拉针。

3 钩织1针锁针，从内侧交叉，按箭头所示成束挑起后钩织长针的正拉针。

4 钩织第3行的正拉针，按照箭头所示挑针后再钩织正拉针。

5 正拉针钩织完成后如图。

6 接着再钩织1针短针，按照箭头所示挑针，再钩织长针的正拉针。

7 钩织1针锁针，再按照箭头所示钩织长针的正拉针。

8 第5行钩织完成后如图。

重点提示 95 作品详见P64

∘ 长针右上1针交叉的钩织方法 ∘

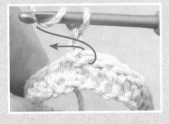

1 钩织完第2行的3针立起锁针后在针上挂线，按照箭头所示插入钩针，钩织长针。

2 接着再在针上挂线，在箭头所示的位置钩织长针。

3 交叉后按照箭头所示插入钩针，钩织长针。长针右上1针交叉钩织完成（A）。

4 均匀拉线，注意将长针的长度调整一致。

重点提示

∘ 刺绣线的处理方法 ∘

标签上的数字为颜色序号。补足同色线时会用到，一定要保留到最后。

1 抽出刺绣线的线头。

2 关键是压住左端的线圈侧，再抽出线。钩织时也按同样的方法抽出。

3 将6根刺绣线分开。按照刺绣指示（○股线）用指定的针数刺绣。

81

25号刺绣线/多色混合、粉色系、紫色系（M4）……0.5卷
蕾丝针0号

尺寸……参照图
作品详见P56

拼接方法

— 3cm —

※打结后整理形状。

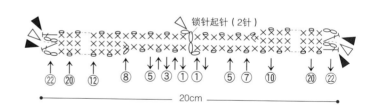

锁针起针（2针）

22 20 12 8 5 3 1 1 5 7 10 20 22

— 20cm —

82

25号刺绣线/绿色系（221）……1束，蓝色系（367）……0.5束，黄色系（543）……少许
蕾丝针0号

尺寸……参照图
作品详见P56

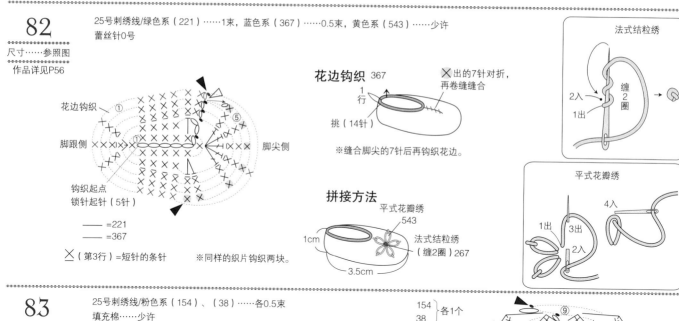

花边钩织 ①

脚跟侧

脚尖侧

钩织起点
锁针起针（5针）

—— =221
—— =367

✕（第3行）=短针的条针

花边钩织 367

1行

挑（14针）

✕ 出的7针对折，
再卷缝缝合

※缝合脚尖的7针后再钩织花边。

拼接方法

平式花瓣绣 543

1cm

法式结粒绣
（缠2圈）267

— 3.5cm —

※同样的织片钩织两块。

法式结粒绣

2入 缠2圈 1出

平式花瓣绣

1出 3出 4入 2入

83

25号刺绣线/粉色系（154）、（38）……各0.5束
填充棉……少许
蕾丝针0号

尺寸……参照图
作品详见P56

拼接方法

填充棉

线从最终行的2
针中穿过，拉紧

3行

6行

※中途塞入填充棉后再钩织上部。然
后用同样的方法钩织另一侧。

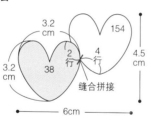

3.2cm

154

2行

4行

3.2cm

38

4.5cm

缝合拼接

— 6cm —

154
38 ﹜各1个

继续钩织
至★处

继续钩织
至☆处

中心

✕ =短针的条针

※按照图示方法，第7~9行沿★与★
处、第10~12行沿☆与☆处继续钩
织形成圆环。

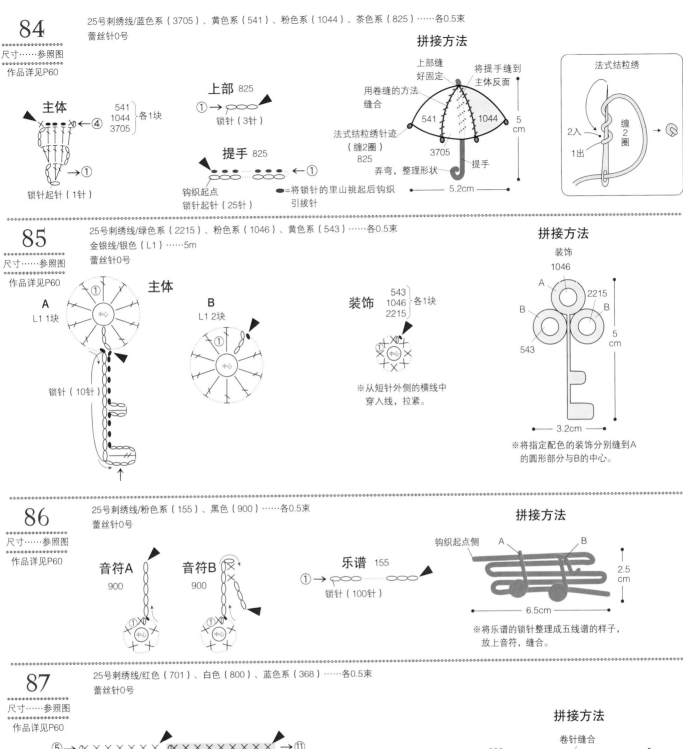

84

25号刺绣线/蓝色系（3705）、黄色系（541）、粉色系（1044）、茶色系（825）……各0.5束
蕾丝针0号

尺寸……参照图
作品详见P60

拼接方法

法式结粒绣

主体
541
1044 各1块
3705
④
→①
锁针起针（1针）

上部 825
①→ 锁针（3针）

提手 825
→①
钩织起点
锁针起针（25针）
●=将锁针的里山挑起后钩织引拔针

上部缝好固定
将提手缝到主体反面
用卷缝的方法缝合
法式结粒绣针迹（缠2圈）
541
1044
3705
825
弄弯，整理形状
提手
5 cm
5.2cm

2入
1出
缠2圈

85

25号刺绣线/绿色系（2215）、粉色系（1046）、黄色系（543）……各0.5束
金银线/银色（L1）……5m
蕾丝针0号

尺寸……参照图
作品详见P60

拼接方法

装饰
1046

主体
A L1 1块
①
B L1 2块
①
锁针（10针）

装饰
543
1046 各1块
2215
①
※从短针外侧的横线中穿入线，拉紧。

A
B 2215
B
543
5 cm
3.2cm
※将指定配色的装饰分别缝到A的圆形部分与B的中心。

86

25号刺绣线/粉色系（155）、黑色（900）……各0.5束
蕾丝针0号

尺寸……参照图
作品详见P60

拼接方法

音符A
900

音符B
900

乐谱 155
①→ 锁针（100针）

钩织起点侧
A
B
2.5 cm
6.5cm
※将乐谱的锁针整理成五线谱的样子，放上音符，缝合。

87

25号刺绣线/红色（701）、白色（800）、蓝色系（368）……各0.5束
蕾丝针0号

尺寸……参照图
作品详见P60

拼接方法

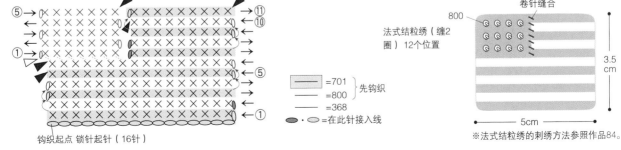

⑤→
①→
钩织起点 锁针起针（16针）
→⑪
←⑩
←⑤
←①

=701 先钩织
=800
=368
=在此针接入线

卷针缝合
800
法式结粒绣（缠2圈）12个位置
3.5 cm
5cm
※法式结粒绣的刺绣方法参照作品84。

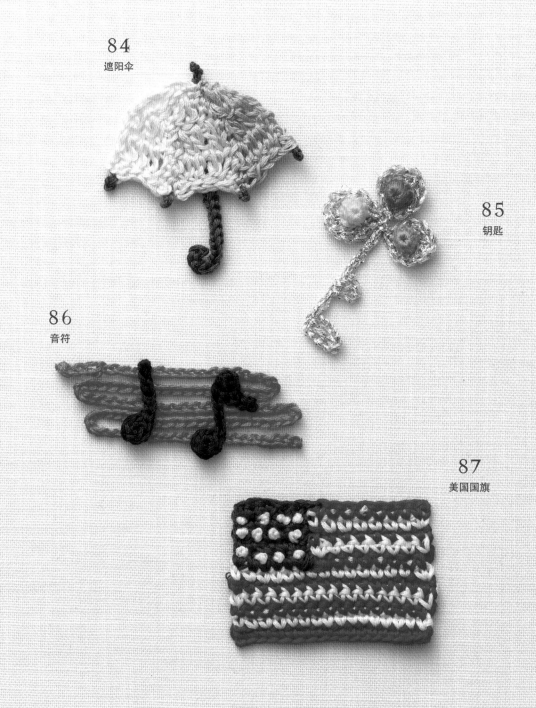

84
遮阳伞

85
钥匙

86
音符

87
美国国旗

钩织方法：P59　设计制作：河合真弓

88
雪花

89
铃铛

90
男孩子

91
女孩子

89

25号刺绣线/黄色系（544）、（542）、蓝色（3705）、绿色系（223）……各0.5束
金银线/银色（L1）……0.5m
尺寸……参照图
蕾丝针0号
作品详见P61

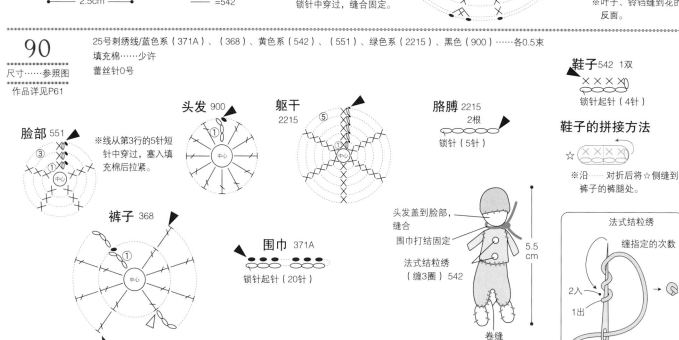

铃铛的中心部分

铃铛 544

花

叶子 223

拼接方法

L1
锁针（10针）

锁针圆环针（7针）
2.5cm

2.8cm

5.5cm

4cm

—— =3705
—— =542

※从铃铛内侧至锁针圆环处的
锁针中穿过，缝合固定。

※叶子、铃铛缝到花的
反面。

90

25号刺绣线/蓝色系（371A）、（368）、黄色系（542）、（551）、绿色系（2215）、黑色（900）……各0.5束
填充棉……少许
尺寸……参照图
蕾丝针0号
作品详见P61

鞋子 542 1双
锁针起针（4针）

鞋子的拼接方法

※沿☆对折后将☆侧缝到
裤子的裤腿处。

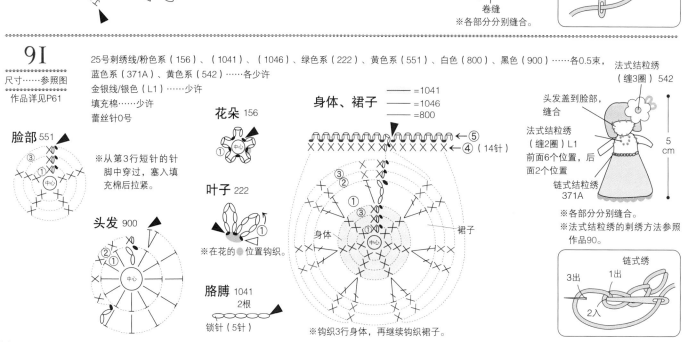

脸部 551

※线从第3行的5针短
针中穿过，塞入填
充棉后拉紧。

头发 900

躯干 2215

胳膊 2215
2根
锁针（5针）

裤子 368

围巾 371A
锁针起针（20针）

头发盖到脸部，
缝合
围巾打结固定
法式结粒绣
（缠3圈）542

卷缝
※各部分分别缝合。

5.5cm

法式结粒绣
缠指定的次数

2入
1出

91

25号刺绣线/粉色系（156）、（1041）、（1046）、绿色系（222）、黄色系（551）、白色（800）、黑色（900）……各0.5束
蓝色系（371A）、黄色系（542）……各少许
金银线/银色（L1）……少许
填充棉……少许
尺寸……参照图
蕾丝针0号
作品详见P61

脸部 551

※从第3行短针的针
脚中穿过，塞入填
充棉后拉紧。

头发 900

花朵 156

叶子 222
※在花的●位置钩织。

胳膊 1041
2根
锁针（5针）

身体、裙子

—— =1041
—— =1046
—— =800

身体

裙子

※钩织3行身体，再继续钩织裙子。

法式结粒绣
（缠3圈）542

头发盖到脸部，
缝合
法式结粒绣
（缠2圈）L1
前面6个位置，后
面2个位置
链式结粒绣
371A

5cm

※各部分分别缝合。
※法式结粒绣的刺绣方法参照
作品90。

链式绣

3出
1出
2入

92

25号刺绣线/黄色系（514）、（520）、茶色系（565）……各0.5束
蕾丝针0号

尺寸……参照图

作品详见P64

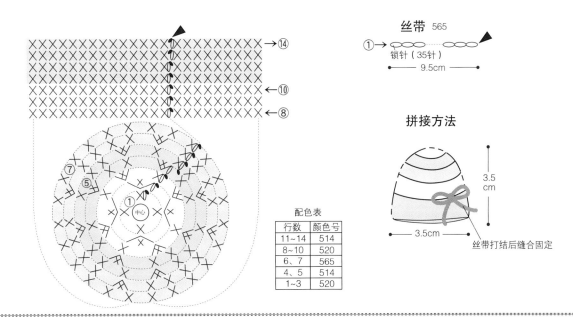

丝带 565

① 锁针（35针）

9.5cm

配色表

行数	颜色号
11~14	514
8~10	520
6、7	565
4、5	514
1~3	520

拼接方法

3.5cm

3.5cm

丝带打结后缝合固定

93

25号刺绣线/米褐色系（731）……1.5束
蕾丝针0号

尺寸……参照图

作品详见P64

重点提示P57

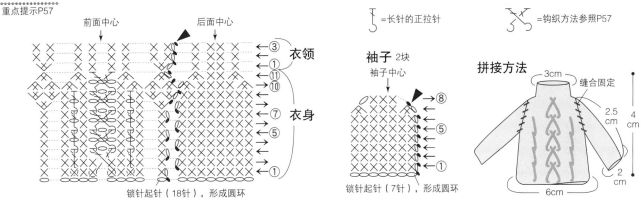

前面中心　后面中心

衣领

衣身

锁针起针（18针），形成圆环

↓ =长针的正拉针

✕ =钩织方法参照P57

袖子 2块

袖子中心

锁针起针（7针），形成圆环

拼接方法

3cm
缝合固定
2.5cm
4cm
2cm
6cm

94

25号刺绣线/粉色系（192）……2束
蕾丝针0号

尺寸……参照图

作品详见P64

大拇指

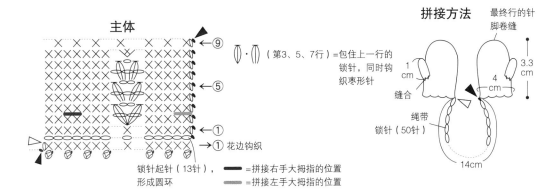

主体

（第3、5、7行）=包住上一行的锁针，同时钩织枣形针

锁针起针（13针），形成圆环

── =拼接右手大拇指的位置

── =拼接左手大拇指的位置

① 花边钩织

拼接方法

最终行的针脚卷缝

1cm

4cm

3.3cm

缝合

绳带

锁针（50针）

14cm

92
帽子

93
毛衣

94
手套

95
手提包

96
袜子

钩织方法：92~94–P63 95、96–P67   设计制作：Oka Mariko

97
星星

98
月亮

99
十字架

100
王冠

钩织方法：P66　设计制作：Oka Mariko

97

25号刺绣线/黄色系（541）……1束
金银线/黄色（L10）……5m
填充棉……少许
蕾丝针0号

尺寸……参照图
作品详见P65

主体
541 2块

花边钩织
L10 2股线

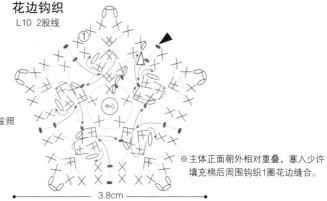

钩织方法
第1、2行……短针钩织成圆环
第3、4行……分为5个位置钩织，按照
　　　　　粉色箭头的顺序钩织
第5行…钩织连接圆环

〉〈〉=织入短针4针

3.8cm

※主体正面朝外相对重叠，塞入少许
填充棉后周围钩织1圈花边缝合。

98

25号刺绣线/黄色系（581）……0.5束
金银线 黄色（L10）……3.5m
填充棉……少许
蕾丝针0号

尺寸……参照图
作品详见P65

花边钩织
2股线

主体
2块

—— =581
—— =L10

钩织起点 锁针起针（16针）

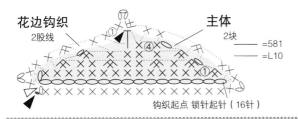

直线绣
L10 2股线

直线绣
L10

直线绣
1出
3出　2入
4入

※两块主体正面朝外重叠后中央部分塞入少许填充棉，
钩织1圈花边，同时将两块缝合。

99

25号刺绣线/黑色（900）……1束
金银线/金色（L2）……3.5m
蕾丝针0号

尺寸……参照图
作品详见P65

主体
900 2块

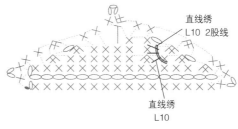

〉=在线束中织入变化的中长针2
针枣形针
●=在主体的反面穿引渡线

L2

在主体的圆环中钩
织锁针1针和中长针
1针的变化枣形针

※钩织2块主体，再分别在各主
体中钩织。

✕=钩织短针，线束从挂在钩针上的
针脚中穿过，固定针脚。线穿引
到箭头的位置，钩织引拔针

圆环钩织
L2

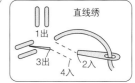

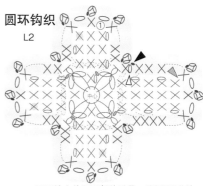

※两块主体正面朝外重叠，钩织1圈花边，
同时缝合两块。

100

25号刺绣线/橙色系（754）……1束
金银线/金色（L2）……3m
填充棉……少许
蕾丝针0号

尺寸……参照图
作品详见P65

主体
754 2块

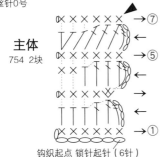

⑦
⑤
①
钩织起点 锁针起针（6针）

主体的针脚 L2

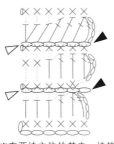

※在两块主体的其中一块钩
织引拔针（参照P43）。

L2

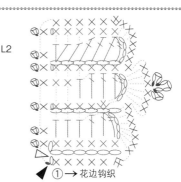

①→花边钩织

※两块主体正面朝外重叠后塞入少许
填充棉。看着正面从两块中挑针，
钩织花边，缝合。

88

25号刺绣线/Shiny Reflector 金银刺绣线白色（S109）……0.5束
金银线/银色（L1）……4m
蕾丝针0号

尺寸……参照图
作品详见P61

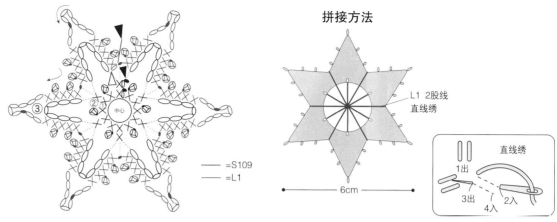

拼接方法

L1 2股线
直线绣

— =S109
— =L1

6cm

直线绣

1出
3出
4入
2入

95

25号刺绣线 茶色（786）……1束
直径3mm的特大串珠 金色系……1个
蕾丝针0号

尺寸……参照图
作品详见P64
重点提示P57

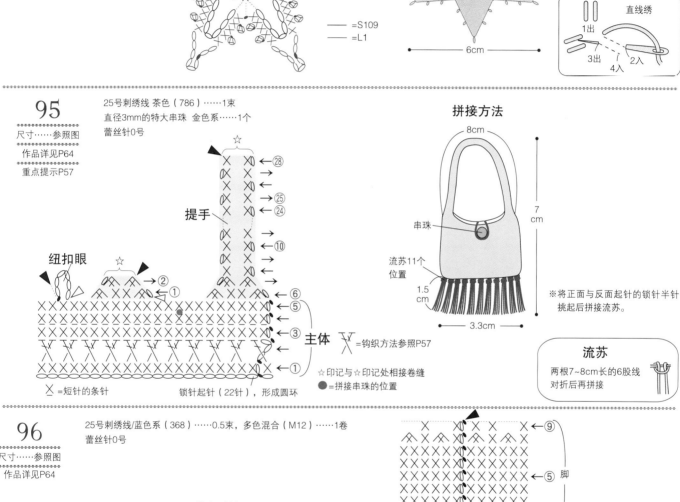

提手

纽扣眼

主体

X =钩织方法参照P57

☆印记与☆印记处相接卷缝
● =拼接串珠的位置

X =短针的条针

锁针起针（22针），形成圆环

拼接方法

8cm

串珠

流苏11个
位置

1.5
cm

3.3cm

7
cm

※将正面与反面起针的锁针半针
挑起后拼接流苏。

流苏

两根7~8cm长的6股线
对折后再拼接

96

25号刺绣线/蓝色系（368）……0.5束，多色混合（M12）……1卷
蕾丝针0号

尺寸……参照图
作品详见P64

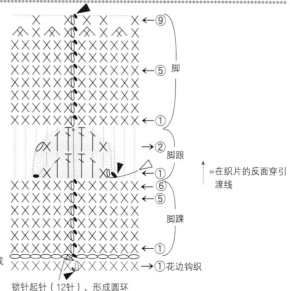

挑（12针）
花边钩织
锁针起针（12针）
368 0.5cm
（1行）

脚踝 2cm
M12（6行）

脚后跟 1cm
368（2行）

脚 2.5cm
M12（9行）

线从脚尖最终行的5个
针脚中穿过，拉紧

脚

脚跟

脚踝

↑ =在织片的反面穿引
渡线

花边钩织

锁针起针（12针），形成圆环

※同样的织片钩织两块，形成
圆环

67

MATERIAL GUIDE 刺绣线的介绍

本书所用的奥林巴斯刺绣线色卡均有介绍。漂亮丰富的颜色种类让您的作品更出众。

（图片为实物大）

25号刺绣线

Shiny Reflector 金银刺绣线

金银线

多色混合

25号刺绣线

棉100% 1束/8m 单色：420色 晕染色：14色

5号刺绣线

棉100% 1束/25m 单色：243色（色号与25号线相同。★印记除外）

25号、8色、12色彩色（学习用）

8色彩色

12色彩色

棉100% 8色彩色：1束/8m 3色
12色彩色：1束/12m 1色

25号刺绣线样本

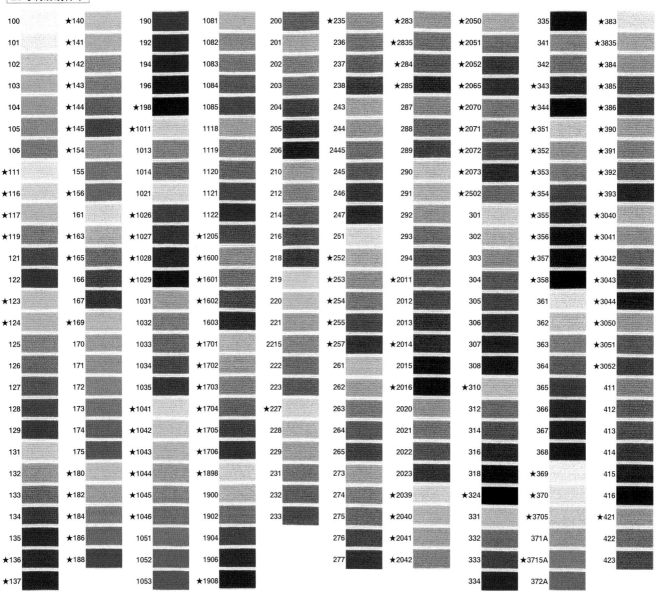

100	★140	190	1081	200	★235	★283	★2050	335		★383
101	★141	192	1082	201	236	★2835	★2051	341		★3835
102	★142	194	1083	202	237	★284	★2052	342		★384
103	★143	196	1084	203	238	★285	★2065	★343		★385
104	★144	★198	1085	204	243	287	★2070	★344		★386
105	★145	★1011	1118	205	244	288	★2071	★351		★390
106	★154	1013	1119	206	2445	289	★2072	★352		★391
★111	155	1014	1120	210	245	290	★2073	★353		★392
★116	★156	1021	1121	212	246	291	★2502	★354		★393
★117	161	★1026	1122	214	247	292	301	★355		★3040
★119	★163	★1027	★1205	216	251	293	302	★356		★3041
121	★165	★1028	★1600	218	★252	294	303	★357		★3042
122	166	★1029	★1601	219	★253	★2011	304	★358		★3043
★123	167	1031	★1602	220	★254	2012	305	361		★3044
★124	★169	1032	1603	221	★255	2013	306	362		★3050
125	170	1033	★1701	2215	★257	2014	307	363		★3051
126	171	1034	★1702	222	261	2015	308	364		★3052
127	172	1035	★1703	223	262	★2016	★310	365		411
128	173	★1041	★1704	★227	263	2020	312	366		412
129	174	★1042	★1705	228	264	2021	314	367		413
131	175	★1043	★1706	229	265	2022	316	368		414
132	★180	★1044	★1898	231	273	2023	318	★369		415
133	★182	★1045	1900	232	274	★2039	★324	★370		416
134	★184	★1046	1902	233	275	★2040	331	★3705		★421
135	★186	1051	1904		276	★2041	332	371A		422
★136	★188	1052	1906		277	★2042	333	★3715A		423
★137		1053	★1908				334	372A		

Shiny Reflector 金银刺绣线

纺绸 63% 涤纶37%（仅S109的纺绸为53% 涤纶47%）
1束/ 8m 单色：9色

金银线

人造纤维66% 涤纶34%
1卷/ 100m 单色：10色 368日元

A Broder 16号、20号（雕绣线）

16号　　　　　　　　　　20号

棉100%　1束/各40m 单色：各5色（颜色序号16号、20号相同）

※各线左起均为品质→线长→色数。
※★印记处表示此颜色及晕染色只生产25号刺绣线。

25号刺绣线 多色混合

棉100%　1卷/ 12m
混合：12色

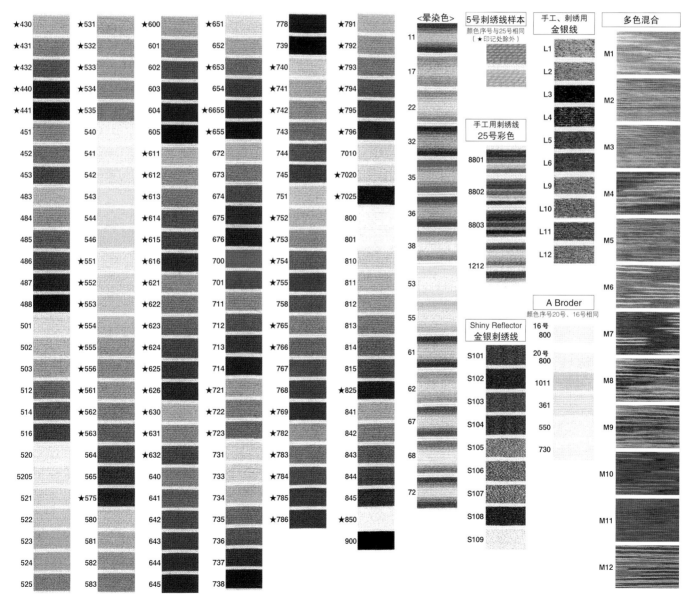

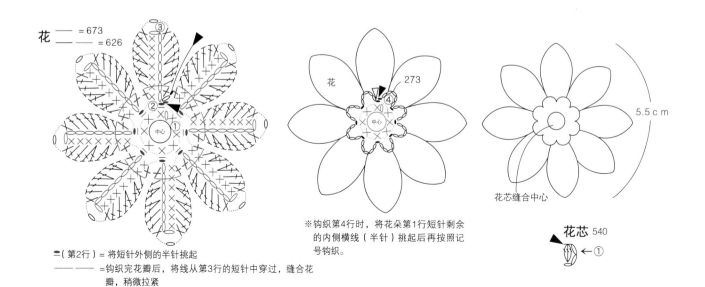

I2

尺寸……参照图
作品详见P13
重点提示P9

25号刺绣线/粉色系（192）……1.5束，绿色系（2023）……1束，黄色系（502）、米褐色系（7010）……各0.5束
蕾丝针0号

花瓣 192

⑨

※在第8行花瓣的后侧钩织第9行。

花芯
—— = 7010
—— = 502

叶子 2块 2023

钩织起点
锁针起针（6针）

拼接方法

花芯与花瓣的第1行与第1行重叠，缝合

⑦ ⑧

（第6行）=在锁针中钩织短针

（第8、9行）=在上一行的1个针脚中织入1针中长针、1针短针、1针中长针

×（第8行）=在织片的正面第5行指定的短针中织入短针

×（第9行）=在织片的反面第5行指定的短针中织入短针

叶子缝到反面

6.5 cm

28

尺寸……参照图
作品详见P21

25号刺绣线/紫色系（626）……1束，紫色系（673）……0.5束，绿色系（273）、黄色系（540）……各少许
蕾丝针0号

花
—— =673
—— =626

花 273

花芯缝合中心

5.5cm

花芯 540
← ①

═（第2行）= 将短针外侧的半针挑起

—— =钩织完花瓣后，将线从第3行的短针中穿过，缝合花瓣，稍微拉紧

※钩织第4行时，将花朵第1行短针剩余的内侧横线（半针）挑起后再按照记号钩织。

70

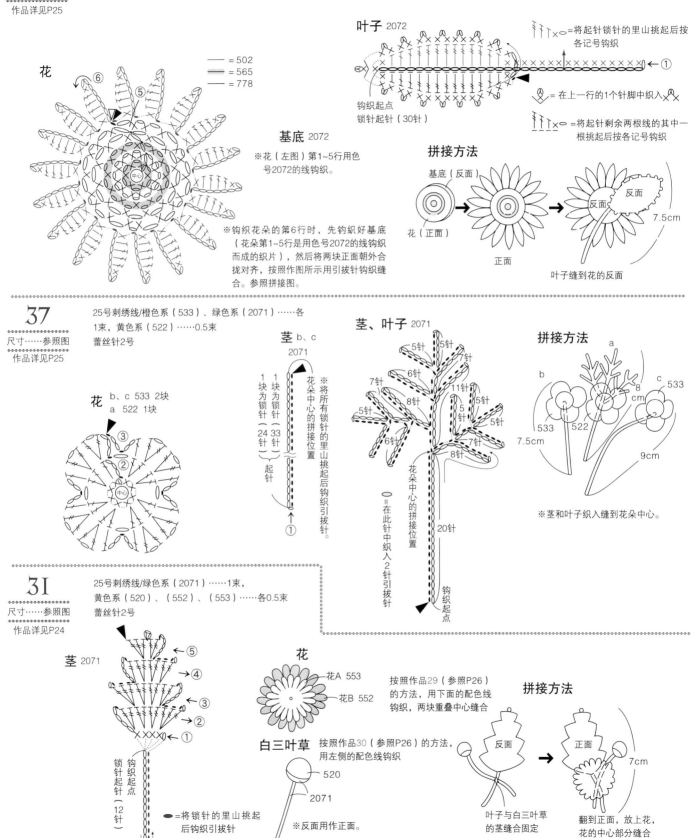

36

尺寸……参照图
作品详见P25

25号刺绣线/黄色系（502）、绿色系（2072）……各1束，茶色系（778）……0.5束，茶色系（565）……少许
蕾丝针2号

花

━━━ = 502
━━━ = 565
━━━ = 778

叶子 2072

┃┃┃×=将起针锁针的里山挑起后按各记号钩织

←①

钩织起点
锁针起针（30针）

基底 2072

※花（左图）第1~5行用色号2072的线钩织。

= 在上一行的1个针脚中织入

┃┃┃×=将起针剩余两根线的其中一根挑起后按各记号钩织

拼接方法

基底（反面）

花（正面）

正面

反面

7.5cm

叶子缝到花的反面

※钩织花朵的第6行时，先钩织好基底（花朵第1~5行是用色号2072的线钩织而成的织片），然后将两块正面朝外合拢对齐，按照作图所示用引拔针钩织缝合。参照拼接图。

37

尺寸……参照图
作品详见P25

25号刺绣线/橙色系（533）、绿色系（2071）……各1束，黄色系（522）……0.5束
蕾丝针2号

花

b、c 533 2块
a 522 1块

茎 b、c
2071

茎、叶子 2071

拼接方法

※将所有锁针的里山挑起后钩织引拔针。

5针 5针
5针
7针 6针
11针
8针 5针
5针 5针
6针 5针
7针
8针

a
8 cm
b
c 533

533 522

7.5cm

9cm

※茎和叶子织入缝到花朵中心。

1块为锁针（24针）起针
1块为锁针（33针）起针
花朵中心的拼接位置

=在此针中织入2引拔针

花朵中心的拼接位置

20针

钩织起点

31

尺寸……参照图
作品详见P24

25号刺绣线/绿色系（2071）……1束，黄色系（520）、（552）、（553）……各0.5束
蕾丝针2号

茎 2071

⑤
④
③
②
①

锁针起针（12针）
钩织起点

●=将锁针的里山挑起后钩织引拔针

花

花A 553
花B 552

白三叶草

520
2071

※反面用作正面。

按照作品29（参照P26）的方法，用下面的配色线钩织，两块重叠中心缝合

拼接方法

反面

正面

7cm

叶子与白三叶草的茎缝合固定

翻到正面，放上花，花的中心部分缝合

58

尺寸……参照图
作品详见P41

25号刺绣线/米褐色系（810）……1.5束，粉色系（101）、黄色系（581）、茶色系（778）……各0.5束
填充棉……少许
钩针2/0号

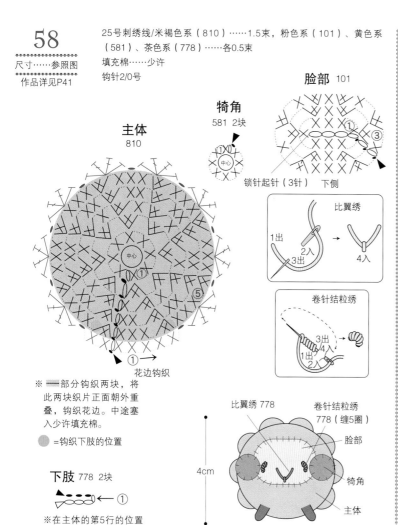

主体
810

犄角
581 2块

1（1）
中心

脸部 101

锁针起针（3针）　下侧

比翼绣
1出
2入
3出
→
4入

卷针结粒绣
3出
4入
1出
2入
→

※ ▬ 部分钩织两块，将此两块织片正面朝外重叠，钩织花边。中途塞入少许填充棉。

▓ =钩织下肢的位置

花边钩织

下肢 778 2块
←①
※在主体的第5行的位置钩织。

比翼绣 778
卷针结粒绣 778（缠5圈）
脸部
犄角
主体

4cm
4.5cm

※脸部缝到主体，再将犄角缝到上面。

60

尺寸……参照图
作品详见P41

25号刺绣线/橙色系（751）……2.5束，橙色系（753）、黑色（900）……各少许
填充棉……少许
钩针2/0号

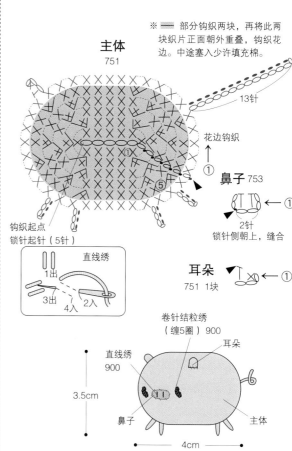

※ ▬ 部分钩织两块，再将此两块织片正面朝外重叠，钩织花边。中途塞入少许填充棉。

主体
751

13针

花边钩织
①

钩织起点
锁针起针（5针）

鼻子 753
←①
2针
锁针侧朝上，缝合

耳朵
751 1块
←①

直线绣
1出
3出
4入
2入

卷针结粒绣（缠5圈）900
耳朵
直线绣 900
鼻子
主体
3.5cm
4cm

※鼻子与耳朵缝到主体。

61

尺寸……参照图
作品详见P41

25号刺绣线/黄色系（544）……1.5束，本白色（850）、茶色系（737）……各0.5束
填充棉……少许
钩针2/0号

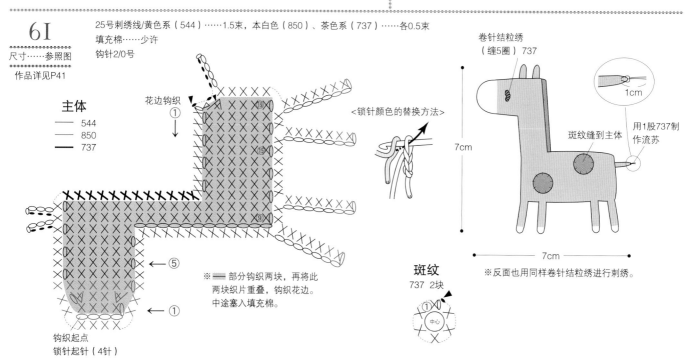

主体
— 544
— 850
— 737

花边钩织
①

<锁针颜色的替换方法>

←⑤
←①

钩织起点
锁针起针（4针）

※ ▬ 部分钩织两块，再将此两块织片重叠，钩织花边。中途塞入填充棉。

斑纹 737 2块
中心

卷针结粒绣（缠5圈）737
1cm
斑纹缝到主体
用1股737制作流苏
7cm
7cm

※反面也用同样卷针结粒绣进行刺绣。

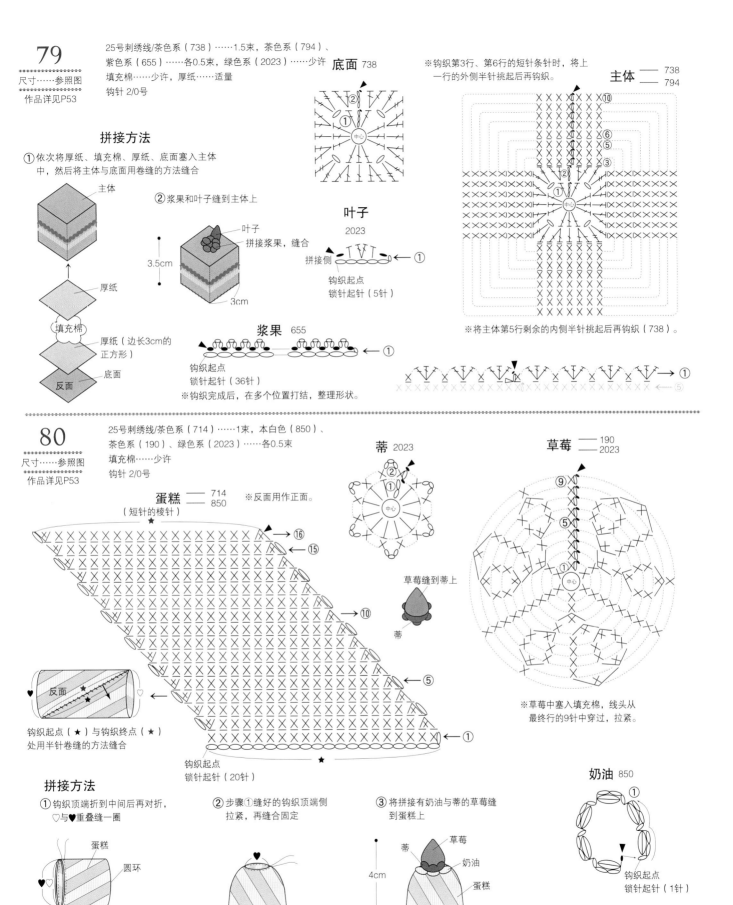

79

尺寸……参照图
作品详见P53

25号刺绣线/茶色系（738）……1.5束，茶色系（794）、
紫色系（655）……各0.5束，绿色系（2023）……少许
填充棉……少许，厚纸……适量
钩针 2/0号

底面 738
▲
② ①
中心

※钩织第3行、第6行的短针条针时，将上
一行的外侧半针挑起后再钩织。

主体 —— 738
—— 794
⑩
⑥
⑤
③
② ①
中心

拼接方法

① 依次将厚纸、填充棉、厚纸、底面塞入主体
中，然后将主体与底面用卷缝的方法缝合

主体

厚纸

填充棉

厚纸（边长3cm的
正方形）

底面

反面

② 浆果和叶子缝到主体上

3.5cm

3cm

叶子
拼接浆果，缝合

叶子 2023
拼接侧
▲
①
钩织起点
锁针起针（5针）

※将主体第5行剩余的内侧半针挑起后再钩织（738）。

浆果 655
▲
①
钩织起点
锁针起针（36针）
※钩织完成后，在多个位置打结，整理形状。

⑤ ①

80

尺寸……参照图
作品详见P53

25号刺绣线/茶色系（714）……1束，本白色（850）、
茶色系（190）、绿色系（2023）……各0.5束
填充棉……少许
钩针 2/0号

蒂 2023
② ①
中心

草莓 —— 190
—— 2023
⑨
⑤
①
中心

蛋糕 —— 714
—— 850
（短针的棱针）
★
⑯
⑮
▲
⑩
⑤
①
钩织起点
锁针起针（20针）
★

※反面用作正面。

草莓缝到蒂上
蒂

反面
钩织起点（★）与钩织终点（★）
处用半针卷缝的方法缝合

※草莓中塞入填充棉，线头从
最终行的9针中穿过，拉紧。

奶油 850
①
钩织起点
锁针起针（1针）

拼接方法

① 钩织顶端折到中间后再对折，
♡与重叠缝一圈

蛋糕
圆环
缝合

② 步骤①缝好的钩织顶端侧
拉紧，再缝合固定

③ 将拼接有奶油与蒂的草莓缝
到蛋糕上

草莓
蒂
奶油
蛋糕
4cm
3cm

38

25号刺绣线/白色（800）……1束，灰色系（485）、黑色系（900）……各0.5束
蕾丝针0号

尺寸……参照图
作品详见P28

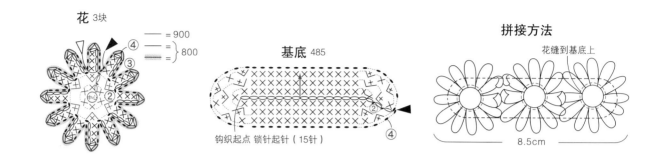

花 3块
— = 900
= } 800
④ ③ ② 中心

基底 485
钩织起点 锁针起针（15针）
② ④

拼接方法
花缝到基底上
8.5cm

40

25号刺绣线/本白色（850）……1束，灰色系（485）……0.5束
花艺用铁丝（26号）……10cm、11cm各1本
蕾丝针0号

尺寸……参照图
作品详见P28
重点提示P29

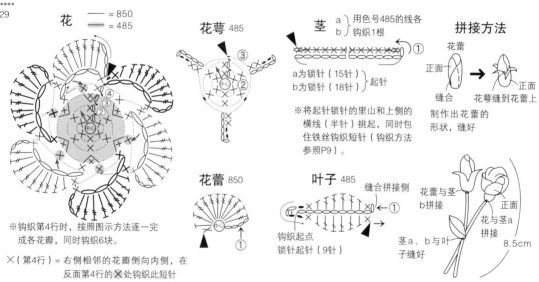

花
— = 850
= 485
中心 ④ ③ ②

※钩织第4行时，按照图示方法逐一完
成各花瓣，同时钩织6块。

✕（第4行）= 右侧相邻的花瓣倒向内侧，在
反面第4行的✕处钩织此短针

花萼 485
③ ②

花蕾 850
中心 ①

茎 a 用色号485的线各
b 钩织1根
①
a为锁针（15针）
b为锁针（18针） 起针

※将起针锁针的里山和上侧的
横线（半针）挑起，同时包
住铁丝钩织短针（钩织方法
参照P9）。

叶子 485 缝合拼接侧
←①
→
钩织起点
锁针起针（9针）

拼接方法
花蕾
正面
缝合
花萼缝到花蕾上
制作出花蕾的
形状，缝好
正面

花蕾与茎
b拼接
花与茎a
拼接
正面
茎a、b与叶
子缝好
8.5cm

钩针日制针号换算表

日制针号	钩针直径
2/0	2.0mm
3/0	2.3mm
4/0	2.5mm
5/0	3.0mm
6/0	3.5mm
7/0	4.0mm
7.5/0	4.5mm
8/0	5.0mm
10/0	6.0mm
0	1.75mm
2	1.50mm
4	1.25mm
6	1.00mm
8	0.90mm

✤ 钩针钩织的基础 ✤

| 记号图的看法 | 所有的记号表示的都是织片正面的状况。钩针钩织没有正面和反面的区别（拉针除外）。交替看正反面进行平针钩织时也用相同的记号表示。图中所示的是在第3圈更换配色线的记号图。

| 锁针的看法 |

❖ 从中心开始钩织圆环时

▲=断线

在中心钩织圆圈（或是锁针），像画圆一样逐圈钩织。在每圈的起针处都立起钩织。通常情况下都面对织片的正面，从右到左看记号图进行钩织。

❖ 平针钩织时

▲=断线　▽=接线

钩织锁针（19针）

特点是左右两边都有立织锁针，当右侧出现立织的锁针时，将织片的正面置于内侧，从右到左参照记号图进行钩织。当左侧出现立织锁针时，将织片的反面置于内侧，从左到右看记号图进行钩织。

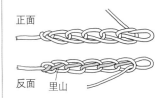

锁针有正反面之分。反面中央的一根线称为锁针的"里山"。

正面
反面　里山

| 线和针的拿法 |

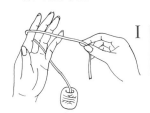

1 将线从左手的小指和无名指间穿过，绕过食指，拉到手掌前。

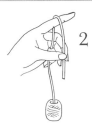

2 用左手拇指和中指捏住线头，食指撑开，将线挑起。

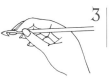

3 用右手拇指和食指握住针，中指轻压住针头。

| 最初的起针的方法 |

1 从线的里侧入针，回转针头。

2 接着在针上挂线。

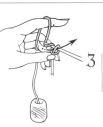

3 从圆环中穿过，引拔出线圈。

4 拉出线头，收紧针眼，最初的起针完成。这一针并不算做第1针。

| 起针 |

从中心开始钩织圆环时（用线头做圆环）

1 在左手的食指上将线绕2圈，形成环。

2 环从手指脱出后，将钩针插入环中，挂线并引拔出。

引拔抽出的针脚

3 再次在针上挂线，将线拉出，立织锁针。

4 钩织第1圈时，将钩针插入圆环中，织入所需数目的短针。

5 暂时抽出针，将最初起针的线和线头抽出，收紧线圈。

6 织到第1圈末尾时，将钩针插入最初短针的头针中，进行引拔钩织。

从中心开始钩织圆环时（用锁针做圆环）

1 织出所需数目的锁针，将钩针插入起始锁针的半针中，进行引拔钩织。

2 针尖挂线后引拔出线，立织锁针。

3 钩织第1圈时，将钩针插入圆环中心，挂线织锁针至所需数目。

4 织到第1圈末尾时，将钩针插入最初短针的头针中，进行引拔钩织。

❧ 钩针钩织的基础 ❧

| 起 针 |

平针编织时

织出所需数目的锁针和立针锁针，在从头数的第2针锁针处插入钩针。

针尖挂线，将线引拔出。

第1圈完成后如图（这一针立针锁针不算做1针）。

| 将上一行针目挑起的方法 |

即便是同样的枣形针，根据不同的记号图挑针的方法也不相同。记号图的下方封闭时表示在上一行的同一针处钩织，记号图的下方打开时表示将上一行的锁针挑起钩织。

在同一针目处钩织

将锁针挑起后钩织

| 针法符号 |

锁针

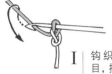

1 钩织最初的针目，按照箭头所示的方向运针。

2 针尖挂线，穿出线圈。

3 重复同样的动作。

4 完成5针锁针的钩织。

引拔针

1 将钩针插入上一行的针目中。

2 针尖挂线。

3 一次性引拔出线。

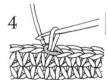

4 完成1针引拔针。

短针

1 将钩针插入上一行的针目中。

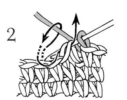

2 针尖挂线，将线圈拉到内侧。

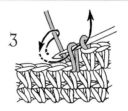

3 针尖挂线，一次性引拔穿过2个线圈。

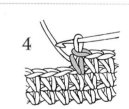

4 完成1针短针。

中长针

1 针尖挂线，将钩针插入上一行的针目中。

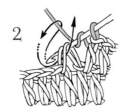

2 再次针尖挂线，将线圈拉到内侧。

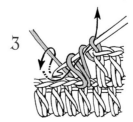

3 针尖再次挂线，一次性引拔穿过3个线圈。

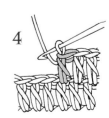

4 完成1针中长针。

长针

I 针尖挂线后，将钩针插入上一行的针目中。再在针尖挂线，将线圈拉到内侧。

2 按照箭头所示方向，引拔穿过2个线圈。

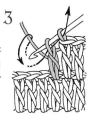

3 再次在针尖挂线，引拔穿过剩下的2个线圈。

4 完成1针长针。

长长针

I 线在针尖上缠2圈，钩针插入上一行的针目中。在针尖挂线，将线圈拉到内侧。

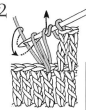

2 按照箭头所示方向，引拔穿过2个线圈。

3 同一动作重复2次。

4 完成1针长长针。

短针2针并1针

I 按照箭头所示方向，将钩针插入上一行的1针针目中，引拔穿过线圈。

2 之后的一针也按同样的方法引拔穿过线圈。

3 此时针上共有了3个线圈。针尖挂线，一次性引拔穿过3个线圈。

4 短针2针并1针完成。与上一行相比减少了1针。

短针1针分2针

I 钩织1针短针。

2 在同一针目处再次插入钩针，将线圈拉到前面。

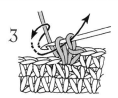

3 针尖挂线，一次性引拔穿过2个线圈。

4 在同一针目中织入2针短针。与上一行相比增加了1针。

短针1针分3针

I 钩织1针短针。

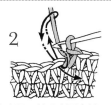

2 在同一针眼中再次插入钩针。

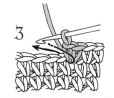

3 再在同一针上钩织1针短针。

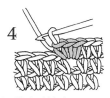

4 1针分3针织好后如图所示，与上一行相比增加2针。

锁针3针的引拔小链针

I 立织3针锁针。

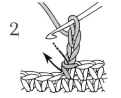

2 将钩针插入短针头针的半针和尾针的1根线中。

3 针尖挂线，一次性引拔穿过3个线圈。

4 锁针3针的引拔小链针完成。

| 针法符号 |

	1	2	3	4
长针2针并1针	 在上一行的1针中钩织未完成的长针,然后按照箭头所示方向,将钩针插入下一针目中,引拔出线。	 针尖挂线,引拔穿过2个线圈,织出第2针未完成的长针。	 针尖挂线,一次性引拔穿过3个线圈。	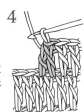 完成长针2针并1针。与上一行相比减了1针。
长针1针分2针	 在钩织长针的同一针目处,再织入长针。	针尖挂线,引拔穿过2个线圈。	再次在针尖挂线,引拔穿过剩下的2个线圈。	同一针目处织入2针长针。与上一行相比增加了1针。
长针3针的枣形针	在上一行的针目中钩织1针未完成的长针。	在同一针目处插入钩针,继续织入2针未完成的长针。	针尖挂线,一次性引拔穿过4个线圈。	 完成长针3针的枣形针。
变化的2针中长针的枣形针	在上一行的同一针上钩织2针未完成的中长针。	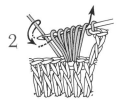 在针尖上挂线,引拔钩出4个线圈。	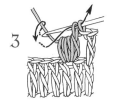 再次在针尖上挂线,引拔钩出剩余的2个线圈。	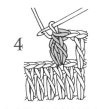 变化的2针中长针的枣形针
长针5针的爆米花针	 在上一行的同一针目处织入5针长针,暂时将钩针取出,再按箭头方向插入钩针。	 直接引拔穿过线圈。	 再钩织1针短针,拉紧。	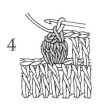 长针5针的爆米花针完成。
 **短针的棱针** ✕	 按照箭头所示,将钩针插入上一行针目外侧的半针中。	 钩织短针,之后的针目都按照同样的方法钩织,将钩针插入外侧的半针中。	 钩织到顶端时,翻转织片。	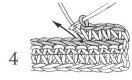 按照步骤1、2的方法,将钩针插入外侧的半针中后,钩织短针。

		1	2	3	4
短针的条纹针				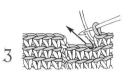	
		看着每行针目正面进行钩织。绕着短针钩织，在最初的针目处引拔钩织。	钩织1针立起的锁针，然后将上一行针目外侧的半针挑起，再钩织短针。	重复步骤2的要领，继续钩织短针。	上一行内侧的半针形成了条纹状。第3行短针的条纹针钩织完成后如图。

		1	2	3	4
短针的反拉针 ※看着织片反面进行往复钩织时，织入的是正拉针。					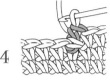
		按照箭头所示，从反面将钩针插入上一行短针的尾针处。	针尖挂线，按照箭头所示，从织片的外侧抽出。	线比短针稍微长一些，再在针尖挂线，一次引拔穿过两个线圈。	完成1针短针的反拉针。

		1	2	3	4
长针的正拉针 ※看着织片反面进行往复钩织时，织入的是反拉针。		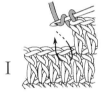			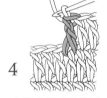
		针尖挂线，按照箭头所示，将钩针插入上一行长针的尾针处。	针尖挂线，拉长线。	再次在针尖挂线，一次引拔穿过两个线圈，同样的动作再重复1次。	完成1针长针的正拉针。

		1	2	3	4
长针的反拉针 ※看着织片反面进行往复钩织时，织入的是正拉针。		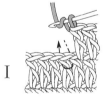		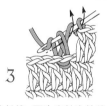	
		针尖挂线，按照箭头所示，从反面将钩针插入上一行长针的尾针处。	针尖挂线，按照箭头所示，从织片的外侧抽出。	拉长线，再次在针尖挂线，然后一次引拔穿过两个线圈。同样的动作再重复1次。	完成1针长针的反拉针。

| 刺绣针迹的基础 |

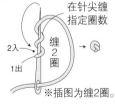
法式结粒绣
在针尖缠指定圈数
※插图为缠2圈。

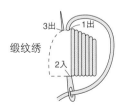
缎纹绣

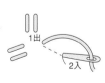
直线绣

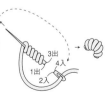
卷针结粒绣

| 其他基础索引 |

TITLE: ［はじめてのかぎ針編み　刺しゅう糸で編むかわいいミニモチーフ］

BY: ［E&G CREATES CO.,LTD.］

Copyright © E&G CREATES CO.,LTD.,2011

Original Japanese language edition published by E&G CREATES CO.,LTD.

All rights reserved. No part of this book may be reproduced in any form without the written permission of the publisher.

Chinese translation rights arranged with E&G CREATES CO.,LTD.

Tokyo through Nippon Shuppan Hanbai Inc.

图书在版编目（CIP）数据

钩出超可爱立体小物件 100 款 . 可爱迷你饰物篇 / 日本美创出版编著 ; 何凝一译 . — 石家庄 : 河北科学技术出版社 , 2013.7（2018.1 重印）

ISBN 978-7-5375-5742-9

Ⅰ . ①钩… Ⅱ . ①日… ②何… Ⅲ . ①钩针 – 编织 – 图集 Ⅳ . ① TS935.521–64

中国版本图书馆 CIP 数据核字 (2013) 第 033839 号

钩出超可爱立体小物件 100 款（可爱迷你饰物篇）

日本美创出版　编著　何凝一　译

策划制作：北京书锦缘咨询有限公司（www.booklink.com.cn）

总 策 划：陈　庆

策　　划：李　伟

责任编辑：杜小莉

设计制作：柯秀翠

出版发行	河北科学技术出版社
地　　址	石家庄市友谊北大街 330 号（邮编：050061）
印　　刷	天津市蓟县宏图印务有限公司
经　　销	全国新华书店
成品尺寸	210mm × 260mm
印　　张	5
字　　数	62 千字
版　　次	2013 年 6 月第 1 版
	2018 年 1 月第 6 次印刷
书　　号	ISBN 978-7-5375-5742-9
定　　价	29.80 元